AF607530

CUCAÑAS Y PLÁSTICO

Una historia triste
del tomate
en Canarias

Cucañas y plástico. Una historia triste del tomate en Canarias

Fotografía de cubierta
Aparceros apartando la tara en Santa Lucía (1960-70)
Francisco Rojas Fariña. FEDAC.

LeCanarien ediciones
Avda. de Canarias, 12
La Orotava – S/C de Tenerife
www.lecanarienediciones.com
686 186 730

Primera edición
Santa Cruz de Tenerife, diciembre 2024

ISBN: 978-84-19694-28-7
DL: TF 659-2024

Gloria E. Cabrera Socorro

CUCAÑAS Y PLÁSTICO

Una historia triste del tomate en Canarias

A las familias campesinas
que con tanto esfuerzo nos sacaron adelante.

A Celedonio López Sánchez y Dolores Melo Aponte –"La Pasionaria"
de Los Cristianos– in memoriam, por sus ejemplos de lucha y rebeldía.

A mi hermano Manolo y su corazón tierno y solidario
y a mi hermano Alfredo –en la diáspora canaria–
por defender la memoria y jamás olvidar.

Con todo el amor.

ÍNDICE

ENTRE CUCAÑAS Y PLÁSTICOS

Supón conmigo que hay en nuestras almas planchas de cera (...) decimos que estas planchas son un don de Mnemosine, madre de las musas, y que marcamos en ellas como con un sello la impresión de aquello de que queremos acordarnos entre todas las cosas que hemos visto, oído o pensado por nosotros mismos, y que conservamos en el recuerdo y el conocimiento de lo que está en ellas grabado, en tanto que la imagen subsiste; y que cuando se borra, lo olvidamos y no lo sabemos.

Sócrates en "Teetetes", de Platón[1].

Cuando por vez primera descubrí muchas de las palabras recogidas en estos recuerdos, me pregunté de dónde venían. Eran para mí tan extrañas que parecían llegar de un lugar que no tenía lugar. Así, por ejemplo, las cucañas del título nada tienen que ver con el mítico país en el que discurrían ríos de vino y miel entre montañas de queso y árboles de los que colgaban aves ya asadas, que pintara con maestría Brueghel el Viejo. Estas cucañas canarias –quedan aún un par de ellas, testimoniales, para deleite de los turistas– eran unas acumulaciones cónicas de cañas, procedentes de las tareas de amarrado de las tomateras, con un hueco en el

[1] He utilizado la traducción de las obras completas de Platón realizada por Patricio de Azcárate en 1871. En el tomo III está el diálogo de "Teetetes" y, en su página 252, la reflexión que Platón pone en boca de Sócrates.

medio para guardar los aperos y, frecuentemente, la única sombra que protegía a los aparceros. En los últimos años han visto la luz una serie de libros, generalmente originados en tesis universitarias, sobre tal o tal punto de la historia económico social canaria, de lo cual solo podemos alegrarnos. Pero, ¿quiénes somos? ¿Qué somos? ¿Somos lo que se ve de nosotros, la mirada del otro? ¿Somos acaso la suma del recuerdo y el olvido? Gabriel García Márquez en el inicio del primer tomo de su autobiografía "Vivir para contarla"[2] nos dice que *la vida no es la que uno vivió, sino la que recuerda y cómo la recuerda para contarla*. El peor de los ladrones es el que te roba tus recuerdos, pues sin recuerdos no hay presente y, sobre todo, futuro. Los recuerdos transactivos, esos recuerdos que se forman de manera colectiva, al igual que las interacciones de internet, se actualizan y, sobre todo, se almacenan. Si algo nos ha puesto en evidencia la era digital por la que transitamos es que las emociones calan más profundamente que las cifras y las realidades fácticas, que no nos conmueven (mover con) de la misma manera, y los recuerdos son fuente de emociones.

Visiono una y cien veces el vídeo de Juan Vera, campesino y poeta de La Oliva, recitando su "Esclavos sin ser esclavos" y me conmuevo, tanto la primera vez como la última. Sus palabras surgen con facilidad, con evidencia, como agua vívida porque vivida. Leo los recuerdos de Eduardo González, doña Lucrecia Roldán o doña Pura Chinea y siento sus palabras, su lenguaje telúricamente barroco, de frases que se van encorvando como raíces buscando la humedad en las tierras resecas. Son el eco de la lucha constante del pobrerío contra el poderío y están ahí para decirnos que gratis son tan solo el sol, el viento, el sudor y el sufrimiento. Aquí, al igual que lo hace Gloria Cabrera, debo evocar una figura especial: la del aparcero.

---

[2] García Márquez, Gabriel: *Vivir para contarla*, Barcelona, Mondadori Random House, 2003.

La resistencia al cambio y la mentalidad rentista de los terratenientes isleños era proverbial. En 1883, tras el hundimiento de la cría de la cochinilla, la Sociedad Económica de Amigos del País de La Laguna –los ilustrados de la época– se dirige a amigos ingleses para sondear las posibilidades de cultivos que tuvieran salida en el mercado británico. Gran Bretaña fue proveedora y principal cliente de las islas hasta la tercera década del siglo XX. En la práctica, el propietario de las tierras las arrienda a un cosechero exportador por un período determinado, éste a su vez pasa un contrato –en general no escrito– con el aparcero[3], por el que pone a disposición de éste las tierras, semillas y abonos, a cambio del trabajo de ellas y una parte, a acordar entre ambos, de la cosecha. Un folleto divulgativo del Ministerio de Agricultura, firmado por Manuel María de Zulueta –que recalca su condición de ingeniero agrónomo, 'olvidando' la de conde de la Puebla de Portugal, para dar peso a sus explicaciones– intenta acercarnos el hecho de la aparcería, definido y regido por una ley de 1935 en su artículo 43. Explica la presencia ineludible del capataz como 'presencia necesaria' de la parte propietaria y afirma, sin ruborizarse, que *el aparcero está a ganancias y pérdidas; y, por tanto, puede suceder que, en años malos, saque menos que un jornalero*[4] y, un par de párrafos después nos cuenta que *los productos pertenecen por indiviso a propietario y aparcero hasta que se haya realizado la partición*[5]. No nos cuenta cómo, en realidad, se lleva a cabo. Evidentemente las partes no están en igualdad de condiciones y es el capataz quien impone la ley y decide la cantidad y calidad de la producción facturada, como recuerda Benita López Peñate en el poema que se incluye en el texto. El aparcero tiene tan doblado el espinazo sobre la tierra que apenas daba el día para echar un vistazo al cielo, no fuera

---

[3] de Zulueta, Manuel María: "El contrato de aparcería", Madrid, *Hojas divulgadoras del Ministerio de Agricultura*, número 12, junio 1949.

[4] Ibidem, página 4.

[5] Ibidem, página 7. Si una de las partes no cumple con esta norma es susceptible de acción penal según el artículo 48 de la Ley de 1935 que rige los contratos de aparcería. ¡Como si las partes estuvieran en igualdad de condiciones!

a ser que lloviera. No obtuvo los derechos del trabajador hasta 1970, aunque solo fuera legalmente. Como anécdota, he podido constatar que si bien los apellidos de oficios son muy frecuentes, en España solo 98 personas llevan el apellido Aparcero, mientras que en Francia, por ejemplo, los Métayer y sus derivados abundan, lo mismo que en Alemania los Mayer, Meier y todas sus declinaciones o en Italia los Mezzadro, Mezzarri, Mezzadroli y demás formas regionales. Como si existiera conciencia de que la explotación asociada a la aparcería fuera algo vergonzoso.

La historia, la vida, no progresa linealmente, necesitamos interpretarla de forma holística; no nos sirve que algunas cosas estén relacionadas con otras sino que debemos aspirar a una visión completa. Gloria Cabrera se acercó a esta realidad, primero a través de la poesía, de la que hay dos muestras en este volumen, porque como decía Chesterton, *el poeta intenta meter la cabeza en los cielos, mientras que el matemático intenta meter los cielos en su cabeza*. Al descubrir el complejo sistema social en que se basaba la aparcería quiso que las planchas de cera de Mnemosine no se perdieran, y con ellas el recuerdo y el conocimiento, pues, como ya avisaba Sócrates, cuando las imágenes se borran, olvidamos e ignoramos. Los recuerdos describen y forman la historia de los pueblos, de las civilizaciones, de los grupos sociales o étnicos, de las familias y de los individuos. La memoria es el producto de las experiencias vividas, es el testimonio, no siempre consciente, de las razones y del sentido mismo de nuestra vida, que transmitimos a los otros, sobre todo a las generaciones más jóvenes. En las entrevistas afloran hechos de vida, testimonios, vicisitudes humanas; pero sobre todo relatos de dolor, como la pobreza, el hambre, las injusticias, las violencias, las enfermedades. El dolor puede llevar a la fragilización de la memoria y a cerrar las puertas del recuerdo, pero el dolor conscientemente vivido, comprendido, superado, se convierte en la razón y la fuerza de la memoria.

Espero que estos recuerdos aquí recogidos, y escritos con ese hálito de poesía popular que impregna todo el texto, nos sirvan para ordenar los propios en una práctica de recuperación de nuestra conciencia personal que nos permita ver, más claramente y sin tapujos, nuestra realidad, nuestra identidad. Pero no una identidad excluyente, sino teniendo en cuenta lo que propugnaba Édouard Glissant, gran escritor de las Antillas, que combatió por la liberación de su gente y por todas las diversidades culturales de sus islas: *las raíces no deben profundizar la oscuridad atávica de los orígenes, sino extenderse en la superficie como brazos, como ramas de un árbol. No para cancelar la propia diversidad, sino para convertirla en algo que permita encontrarnos*[6]. Termino, como he empezado, con mi fascinación por ese rico léxico del campo canario que sería delito perder, debemos construir para él un digno lugar, utilizándolo. La palabra fin nos interroga, el futuro rumbo que emprenda esta historia depende de cada uno de nosotros.

Xabier AURTENETXE

[6] Glissant, Édouard: "Rhyzome" en *La Cohée du Lamentin (Poétique V)*, Paris, Gallimard, 2005.

UN SUDARIO TOMATERO

Vera icona. ¿Qué nos transmite una fotografía? Por definición la escena en sí misma, lo real literal. Del objeto a su imagen hay evidentemente una reducción de proporción, de perspectiva, pero esta reducción no es una transformación. Ciertamente, la imagen no es lo real, pero sí, al menos, su perfecto analogon. Para Roland Barthes es una cámara lúcida, pues contrariamente a otras percepciones, nos ofrece su objeto de manera indiscutible y precisa. Lejos de ser un simulacro de representación en el sentido baudrillardiano, tiene un valor indicial. Da testimonio y revela una parte de lo real no necesariamente visible en el flujo de la vida.

La fotografía nos pone ante el trauma, nos garantiza que la escena mostrada ha existido, pero no podemos realmente entrar en ella porque nos es ofrecida en pasado, es el aoristo, pero al mismo tiempo, su noema, su objeto mental es la luminosa resurrección de los personajes representados. En el fragmento, en el detalle robado al contexto, podemos quizás encontrar lo esencial, ese punctum, del que habla Barthes, aquello que nos conmueve, nos desgarra.

Si bien el fotógrafo es esencialmente testigo de su propia subjetividad y desarrolla su punto de vista singular sobre el mundo, nos situaremos en una perspectiva duchampiana y consideraremos que es el espectador quien completa las fotografías. Esas viejas fotografías, y los sentimientos que en nosotros suscitan, nos ayudarán a estudiar los grupos humanos que representan, a mejor comprender sus maneras de comportarse y sus móviles, de vivir en definitiva, y a intentar ligar el comportamiento de esos grupos a la sociedad más amplia en la que vivieron. En resumen, a rescatarles del olvido.

Xabier AURTENETXE

Cucañas y plástico.
UNA HISTORIA
triste del tomate en Canarias

(...) *Pues nosotros descendemos*
de familias que importaron
—como usos y costumbres—
para ser la servidumbre
de los que las conquistaron.
Y no se les dio cultura
ni tierras pa' trabajar
—sistema hasta hoy empleado—
porque así, sin ser esclavos,
se les puede dominar (...)

"Esclavos sin ser esclavos"
de Juan Vera

-¿De quién es ese vapor, de quién es ese velero?
-Pues eso es un intermediario en el negocio frutero.
-¿Quién fue el que emprendió viaje a Madrid y al extranjero?
-Pues eso es un intermediario en el negocio frutero.
-¿Quién es ese potentado, quién es ese consejero?
-Eso son intermediarios en el negocio frutero.
En el negocio frutero, en el negocio frutero...

"Polka Frutera", 1975,
de Los Sabandeños

Solanum
LYCOPERSICUM

¿Cómo sería esta tierra antes de ser torturada hasta dar la sangre de su último tomate[7]?

Barranquillos soleados, imaginaba de niña, reinos solitarios de tabaibas y cardones, con batallas solo de cernícalos y lagartos entre las salvajes palmeras y las frondosas magarzas, hasta que llegaron las compañías extranjeras[8] con toda su hambre y avaricia de fruta fresca[9] y carne joven y cumplidora[10].

---

[7] *Solanum lycopersicum*, baya perteneciente a la familia de las solanáceas que creció salvaje en el norte de la Cordillera de los Andes hasta que fue domesticada en sus huertas por los aztecas. Introducida posteriormente en España por Hernán Cortés tras la conquista mexicana, se extendió por el resto del mundo gracias a españoles y portugueses. Según recoge Manuel Rebollo López en su obra "La casa del inglés. Historia y vida cotidiana en la zafra del tomate": *En España se popularizó después del reinado de Carlos II y, en Canarias, aunque se conocía su existencia, no se consumía porque se pensaba era perjudicial para la sangre, empezando a cultivarse para la exportación en 1885* (pág. 125).

[8] Fyffe, Barker, Blandy, Hudson, Wolfson, Leacok, Elder, Miller o Yeoward fueron algunos de los apellidos de las familias más ilustres. Véase por ejemplo: "Los intereses británicos en Canarias en los años treinta: una aproximación" de Francisco Quintana Navarro (*Revista Vegueta*, 1992: 149-172) o "Los inicios del tomate, plátano y turismo en Canarias. Apuntes histórico-económicos" de Nicolás González Lemus (*Anuario de Estudios Atlánticos*, 2005: 431-473), donde se muestra cómo el protagonismo británico sobre el tomate era tal que prácticamente la exclusividad de la producción canaria desde finales del XIX se exportaba hacia aquel país.

[9] *La subida del nivel de vida y de los salarios de la clase trabajadora inglesa propició cambios en los hábitos gastronómicos, demandando frutas y verduras frescas*, explicaba un interesante trabajo sobre la aparcería en el sureste grancanario: *Entre surcos y seretas. Un pueblo hecho a empujones de zafra*. Asociación Homenaje a los Trabajadores/as del Cultivo y Empaquetado del Tomate de Carrizal, 2006, pág. 8.

[10] Siguiendo otro interesante estudio sobre las jornaleras del tomate en el municipio tinerfeño de Arona, aparte del clima especialmente favorable en

Tenerife. Campo de Tomates.

Firmas sobre todo inglesas[11] las que, de norte a sur y de este a oeste, se hicieron con las mejores parcelas para hacer sus fincas y cercados y, desahuciando a erizos y conejos, mandaron a arrancar la foresta a los llanos y a las lomas y pagaron después para que se despedregaran, alistaran[12] y nivelaran aquellos campos. Y se estercolaran luego y se plantaran[13] y regaran hasta *alfombrarse* al fin de verdísimas tomateras[14].

---

las Islas para su cultivo, que hizo a la región archipielágica más competitiva que otros lugares sujetos a condiciones meteorológicas más duras que requerirían inversiones mucho más costosas: *Los factores que permitieron la implantación, desarrollo, expansión de los campos de tomateros en el sur fueron la existencia de mano de obra susceptible de ser empleada con bajos salarios y la configuración de la propiedad de la tierra en grandes extensiones con escasa pendiente en la costa* (M.M. Chinea Oliva, *Jornaleras del tomate en Arona.* Los Cristianos, 2005, pág. 20).

[11] Muestra de la importancia que tuvo dicho comercio es que en el actual Londres se sigue denominando como *Canary Wharf* (muelle canario) una de las zonas financieras más importantes de la *city,* habiendo servido desde la conquista del Archipiélago y hasta los años 1960 como un puerto de entrada y salida de bienes, importando principalmente ron y azúcar procedente de los territorios coloniales y vendiendo a los mismos textiles y otros productos manufacturados y siendo su época dorada el periodo entre 1802 y 1939, cuando daba empleo a la casi totalidad de habitantes de la zona de forma directa o indirecta y era uno de los puertos más activos del mundo.

[12] Según el *Diccionario Básico de Canarismos* de la Academia Canaria de la Lengua: repasar con la azada los surcos después de arar con el fin de uniformarlos.

[13] Como recoge la citada obra de Rebollo López, los ingleses impusieron desde el principio las variedades de tomates que deseaban consumir, tanto en preferencias de tamaño, sabor y color como en las necesidades características de sus mercados, y desde Inglaterra llegaron las primeras semillas para la siembra hasta que ya otros países empezaron a crear las propias, de modo que las variedades antiguas fueron evolucionando y siendo sustituidas por otras que mejor se adaptaran al clima, las condiciones de los suelos, la resistencia a las plagas de las Islas, pero especialmente su resistencia –por su tipo de piel– a los seis largos días por término medio del trayecto hasta los mercados de destino (obra citada, pág. 125).

[14] Según Wladimiro Rodríguez Brito: *El tomate comienza a cultivarse de manera extensiva e itinerante, con riego a manta y suelos apenas sorribados, en explotaciones de muy escasa capitalización y con formas de producción auténticamente feudales, la aparcería. Cultivado de esta forma alcanza su máximo de extensión superficial (unas 10.000 hectáreas) en la segunda mitad de la década de los años sesenta; en esa época se cultivaba en Tenerife (el sur y la Isla Baja y Valle Guerra, en el norte), en Gran Canaria (en casi toda la isla), en Fuerteventura (regado con agua extraída de pozos mediante molinos de viento), Lanzarote (en arenados) y La Gomera (San Sebastián y Alajeró). Sin embargo, la produc-*

Sorribando tierras hasta con dinamita para preparar las plantaciones, como explicara un estudio sobre el cultivo en la Aldea de San Nicolás en el poniente grancanario:

> *El hambre de tierra para tanta demanda de tomates determinó desde 1950 la sorriba de lomas, laderas y hoyas para su cultivo, a golpe de sacho (azada), el uso de carretillas, algún tractor, barras o cestas 'pedreras', previo, en algunos casos, el empleo de cartuchos de dinamita, 'tiros'. Con ello se pasó de las 200 a las 1000 hectáreas*[15].

El coronel trajo el primer tractor de la zona –recordaría por su parte en Tenerife doña Mercedes González del municipio sureño de Arona, que trabajó desde joven en los tomateros–, *el tractor iba delante acabando con tabaibas y cardones y salados y nosotras detrás quitando todo para que quedara limpio,* mientras doña Pura Chinea –también del mismo pueblo– contaba de aquella época cómo apenas tenía 14 años cuando empezó a trabajar junto a su hermano y su madre, *porque los demás eran muy pequeños y se quedaban en los cuartos,* empleándose en una de las tareas más duras del campo: *despedregar y cargar piedras desde la mañana a la noche*[16].

Y a *raspar la hierba* se dijo. Y, a mano, a levantar latadas, con palos y cañas y rafias o tiras de corteza de platanera –llamadas *badanas*– que los amos enviaban a camiones llenos[17]

ción no sobrepasaba las 150.000 toneladas, con unos rendimientos, por tanto de unas 15 tm/ha" (Rodríguez Brito, *Agua y agricultura en Canarias*, 1996, La Laguna, Consejería de Agricultura, Pesca y Alimentación, pág. 174).

15 Francisco Suárez Moreno y Jorge Pérez Moreno, *Tomate y cooperativismo en la Aldea [1898-2021]*. Mercurio editorial, Madrid, 2021, pág. 90.

16 M.M. Chinea Oliva, 2005, *Jornaleras del tomate en Arona*. Los Cristianos, pág. 43.

17 Desde los almacenes de empaquetado se les suministraba a los medianeros de todo lo necesario para los cultivos: palos, cañas, rolos de platanera de donde sacar las badanas, guano, azufre, cajas para el posterior transporte al almacén, etc., y camiones de los mismos recorrían diariamente los cultivos para recoger la fruta y devolver, una vez descargadas en el almacén, las cajas. También a veces, de camino, los chóferes recogían encargos de los

a sus peones, para amarrar las plantas y alzarlas del suelo y mejor explotarlas luego sin perder el precioso tiempo que oro era y sigue siendo.

Y tratamientos químicos de todas clases también para mayores rendimientos, al principio orgánicos pero artificiales luego. Que si malolientes nitratos y venenosos pesticidas, rociadas de sulfatos y prisas de magnesio, que si herbicidas y quién sabe cuántos martirizantes más, triste tierra. Incluso hasta el mejor hierro para la anemia de los brotes estresados más mimados que los mismos peones. La peligrosa química, transportada en sacos de esparto corroídos, reaccionaba por fuerza sobre aquellas espaldas sudadas que las acarreaban desde los camiones hasta los cultivos sin que los encargados se preocuparan tanto.

A veces incluso fue peor con los adelantos de los tiempos y osaron hasta fumigar, desde avionetas que pilotos mandados por aquellos jefes sobrevolaban en vuelos rasantes para ahorrar mano de obra, no solo los cultivos sino también a las familias enteras que los trabajaban, e incluso sus precarias chozas y animales domésticos siempre cerca de ellos.

Que tuvieran confianza en su palabra, les decían. Que aquellos pesticidas y aquellas sulfatadas no hacían daño sino a las plagas, *a lo que no tenía hueso*, explicaban. Que a las personas y los animales con hueso no les afectaba el veneno y nada habían de temer[18]. Con el tiempo las mentiras

aparceros para que se los trajeran desde el pueblo o les llevaban las cartas y las novedades del día, mientras los aparceros por su parte les regalaban en ocasiones hortalizas de las que cultivaban a orillas de los tomateros. En 1972, por poner una muestra de las condiciones laborales de aquellos trabajadores, el salario medio de un chófer de un camión de *Míster Pilcher* era de 5.987 pesetas, unos 36 euros, y durante los meses de zafra no tenían horario fijo y podían estar tanto en jornadas de hasta 10 y 12 horas como estar hasta tres días sin regresar a sus casas cuando tenían que llevar mucha carga al muelle (*Entre surcos y seretas. Un pueblo hecho a empujones de zafra*. Asociación Homenaje a los Trabajadores/as del Cultivo y Empaquetado del Tomate de Carrizal, 2006, pág. 82).

[18] Testimonio de Maite Beltrán en la presentación de la película de 1972 "Aparceros", de la productora vasca *Ikastor Films*, de Jesús Almendros, Ramón Saldías y José Luis Arza, en Santa Cruz el 19 de octubre de 2023.

se destaparon y se supo de muchísimas personas ex trabajadoras de aquellos cultivos que habían muerto de cánceres y otras dolencias probablemente inducidas, en gran parte, a causa de las irresponsables exposiciones a los tratamientos fitosanitarios ordenados sin las necesarias protecciones por ahorrarse *unos duros*[19] aquellos patrones.

Murió mucha gente de cáncer y de enfermedades porque no podían cuidarse y porque les estaban envenenando, sabiendo ellos que algo malo ocurría pero les decían que no pasaba nada, que aquello no era malo, que solo mataba a los bichos, denunciaba públicamente en 2023 el cineasta donostiarra Ramón Saldías[20] recordando la situación en la aparcería grancanaria en los inicios de los años setenta cuando filmaba su película documental "Aparceros", después censurada por la dictadura por la crudeza de la miseria que en ella se reflejaba. *Nos explicaban las mujeres* –añadía su hija– *cómo parían en la tierra y tenían que dejar a los niños ahí, y que los tapaban con un plástico para que no les cayeran los pesticidas y así no enfermar, igualmente alguien comentó que hay mucha gente enferma de todo el azufre y de todas las cosas que respiraron de allí*[21].

Que en aquellos cultivos la ambición y la avaricia particular se antepusieran –y además con total impunidad y connivencia por parte de las autoridades– a la salud común y la integridad de tantas personas y seres vivos desprotegidos, y encima de esa forma tan vil a través de la mentira sin respetar siquiera la vulnerabilidad de la más tierna infancia, es posiblemente una de las partes más deprimentes y escandalosas de toda esta historia, el dinero particular antes que la vida y la salud medioambiental, tal y como continúa

---

[19] Antiguas monedas de 5 pesetas vigentes en España hasta su entrada en la Comunidad Económica Europea y la creación de la eurozona.

[20] Testimonio del cineasta Ramón Saldías, recogido en el citado evento de presentación de la película "Aparceros".

[21] Onintxe Saldías, hija del cineasta y presentadora del mencionado evento de proyección de "Aparceros" en octubre de 2023, donde numerosos asistentes ex trabajadores del sector, entre lágrimas en ocasiones, expusieron en público sus duras experiencias de la infancia cultivando tomateros.

sucediendo hoy día en muchos países eufemísticamente denominados *en vías de desarrollo*[22].

Pero a seguir trabajando, se dijo, sin tiempo que perder. A *deshijar* de hojas las ramas cuando se cargaban mucho para que *las matas no perdieran la fuerza* y las cosechas no mermaran. Y a *tutorarlas* luego sobre las latadas y defenderlas del viento. Y a recoger y apilar después la fruta, aún verde, en fardos o faltriqueras desde los surcos hasta las pesadas cajas de madera[23], donde también se guarecían a los niños pequeños que, como las plantas, entre los surcos crecían asediados por las moscas y los lagartos.

En cierta ocasión, un amigo de La Gomera me contó una historia estremecedora también sobre esto de un día en que hacía mucho calor y estaban su padre y su madre particularmente apurados en la tarea de recoger los tomates, que se

[22] Siguiendo el imprescindible trabajo del grupo de investigación sobre el Subdesarrollo y el Atraso Social de la Universidad de La Laguna: *La transición al capitalismo en Canarias quedó inconclusa debido al carácter de la revolución burguesa isleña. Las estructuras agrarias coloniales y feudales no se modernizaron en su totalidad a pesar de la influencia que el imperialismo realizó en la agricultura litoral de exportación con la introducción de los nuevos cultivos de plátanos, tomates y, en menor medida, papas. La colonia transformó las estructuras agrarias de feudales a semifeudales, por lo que no logró eliminar la gran propiedad (y su acompañante el minifundio) ni las relaciones de producción de raigambre feudal. Ni la gran propiedad local, ni el imperialismo español e inglés querían una Canarias capitalista, por lo que el campo y las familias campesinas pobres continuaron siendo objeto de explotación extrema. Si bien los capitales británicos introdujeron relaciones capitalistas en el campo, éstas se entremezclaron con los tradicionales contratos de aparcería, medianería y otros. Canarias entra así en el siglo XX con rasgos propios de un campo atrasado y sometido a las directrices de unos grandes propietarios y arrendatarios que veían en la abundancia de campesinos pobres y sin tierra la mejor manera de producir para los mercados europeos* ("Algunos apuntes sobre la cuestión agraria en Canarias durante el tardofranquismo y la transición: las luchas aparceras en Gran Canaria", Víctor Onésimo Martín Martín, Luana Studer Villazán y Luis Manuel Jerez Darias, Universidad de La Laguna, 2018, pág. 318).

[23] Las más antiguas pesaban entre 25 y 30 kilos y más tarde apareció otra de entre los 20 y 25 kilos que se confeccionaban a mano en los almacenes. *Las últimas que se construyeron* –recordaba un ex trabajador– *las llamábamos 'minifaldas' porque solo pesaban entre 15 y 17 kilos* (*Entre surcos y seretas. Un pueblo hecho a empujones de zafra*. Asociación Homenaje a los Trabajadores/as del Cultivo y Empaquetado del Tomate de Carrizal, 2006, pág. 34).

amontonaban maduros sobre las ramas porque era mucha *la fuerza de fruta* que venía y los dos solos no daban a basto. Con su pequeño bebé sesteando en alguna de las cajitas de fruta vacías a la sombra de las latadas, como era habitual mientras ellos trabajaban, pues todavía *era de pecho* y no había con quien dejarlo, cuando de pronto sintieron los llantos sofocados del niño algunos surcos más atrás y, al acudir corriendo en su auxilio, la escalofriante estampa que ya jamás olvidarían: el chiquillo *desalado llorando*, morado como uno más de aquellos tomates remaduros en las latadas bajo el sol, mientras un enorme lagarto tizón, negro como el piche[24] y grueso como un brazo, le entraba por la boca buscando acaso la humedad hasta el punto de ya casi asfixiarlo.

El pánico, los aspavientos y los gritos primero, y las maldiciones y lamentaciones luego, las lágrimas de susto, de impotencia, de miseria, el hartazgo, el infinito asco, a veces no hay palabras que alcancen, pero lo cierto fue que aquel mismo día la pareja abandonó el campo para siempre y decidió emigrar a la capital de la provincia con toda su familia, prometiéndose a sí mismos que nunca, MÁS NUNCA, volverían a vivir en condiciones semejantes. Y el mencionado bebé, mi colega de trabajo en la enseñanza y que hoy día también es padre, inevitablemente se emociona y se atraganta siempre cuando lo cuenta.

El popular poeta y maestro de Agüimes, otro pueblo de tomateras del sureste grancanario, Francisco Tarajano, fue quizás quien describiera en versos de forma más dramática la cruel explotación padecida por aquellas familias aparceras.

24 Acorde al *Diccionario Básico de Canarismos*: asfalto, alquitrán.

Cuarterías canijas de los campos sureños
con sus catres de palos y jergones de paja
donde se asan vigores y se oxidan los sueños
y las almas se pican y se llenan de rajas.

Chillan los capataces, lagoteros de dueños.
En corvas horconadas, con las cabezas bajas
callan los pobres padres y sus hijos cenceños
que medran con tomates y mezquinas migajas.

Son los meses de zafra. Bajo soles picantes,
amarillos de azufres, prisioneros de palos,
hozando fanegadas, de sudor rebosantes

los magos aparceros soñaron con halos
de azarosas ganancias para ahorros mañana.
Mas quebró la esperanza amarrada a cucañas.
Penadas sus entrañas,
magullados de trampas y contratos tremendos
seguirán aparceros sus sumisos
muriendo[25]*.*

[25] Francisco Tarajano, *Antología*, Centro de la Cultura Popular Canaria, Santa Cruz de Tenerife, 1994. Citado por Rosa María Henríquez (2004) en *El sistema de género en la población aparcera del sur de Gran Canaria*. Universidad Complutense de Madrid, pág. 159.

“*Gratis*
TAN SOLO EL SOL”

Muchísimas familias[26] aguantaron las duras condiciones de trabajo a pesar a todo y fue así como aquellas áridas tierras, llorando cien años a pozos abiertos[27], se cuajó de jugosos tomates, se llenó de socos y cucañas y, en cuarterías[28] sin luz y sin agua, sobre colchones de viruta, se hacía a los pobres hijos[29] para que echaran una mano[30]. Como otras coplas sobre aquella época reflejaran:

---

[26] Según estimaba en 1976 otro estudio pionero sobre el cultivo del tomate en Tenerife y Gran Canaria, por aquellas fechas, con los sistemas de cultivo empleados, era precisa una gran cantidad de mano de obra, calculándose en torno a los 400 jornales los necesarios para el cultivo y la recolección de cada fanegada de terreno. Véase Eustaquio Villalba Moreno (2007), *El cultivo del tomate en Tenerife y Gran Canaria,* editorial Idea, página 137.

[27] Paralelamente a la generalización de los cultivos en las Islas, se llevó a cabo una amplia perforación para la captación del agua que garantizara la supervivencia de las exportaciones y particularmente el sur y el sureste se llenaron de pozos, incluso cerca de la costa, dado que el tomate soporta el riego con agua salobre. Especial recuerdo merecieron en algunas publicaciones locales sobre el sector todos aquellos hombres, piqueros y maquinistas o pedreros, que se dedicaron al duro trabajo de sacar agua de los pozos para el riego de los tomateros canarios, especialmente *a quienes murieron por la peligrosidad de la maquinaria empleada, los traicioneros gases y los que quedaron aplastados en el fondo por los desprendimientos de rocas o barro* (*Entre surcos y seretas. Un pueblo hecho a empujones de zafra*. Asociación Homenaje a los Trabajadores/as del Cultivo y Empaquetado del Tomate de Carrizal, 2006, pág. 29).

[28] Como en Chile, Cuba y República Dominicana, entre otros países, se trata de piezas habitacionales pequeñas, generalmente en fincas en el campo, ocupadas por familias con escasos recursos.

[29] Los niños también participaban de lleno en el proceso productivo –explicaba por ejemplo, en su magna obra sobre el sur de Tenerife, el geógrafo Sabaté Bel–: *consecuencia inmediata del predominio de las mujeres en las explotaciones y de que éstas se tuvieran que trasladar a residir temporalmente en las fincas, era el hecho de que se trajeran consigo a los niños cuya crianza les estaba encomendada socialmente. La edad habitual de empezar a trabajar era, desde comienzos de siglo, los doce años e incluso antes* (F. Sabaté Bel, 1993, *Burgados, tomates, turistas y espacios protegidos. Usos tradicionales y transformaciones de un espacio litoral del sur de Tenerife: Guaza y Rasca (Arona).* Caja Insular de Ahorros de Canarias, Santa Cruz de Tenerife, pág. 209).

[30] En términos relativos, y según se afirmaba de forma tajante en el mencionado estudio del sur tinerfeño: *en cuanto al valor de la jornada de traba-*

A las seis de la mañana
preparando el morral,
pa´ las tierras voy con mi hija,
mi marido fue a plantar.
Una fanegá[31] *tenemos*
cerquita de El Matorral,
con eso estamos contentos,
comida no faltará[32].

Cuando era chica –explicaba por su parte una ex trabajadora del sur de Tenerife hablando de su infancia– *iba a cuidar a los hijos de mi hermana cuando había zafra y pasaba la noche en los salones de empaquetado. También me ponían a cortar tiras de badana. Ese era mi trabajo y poner la turba en las cajas de tomates*[33]. Y *recuerdo siendo niña* –explicaba otra ex trabajadora del tomate de El Carrizal de Ingenio– *cómo me pasaba toda la noche enguanando el agua. Para alumbrarme cogía un saco, lo empapaba en gasoil y le prendía fuego*[34].

jo, estamos en condiciones de afirmar que éste se situó siempre al borde de la subsistencia, siendo otro de los requisitos para que todos los miembros de la familia participaran en el proceso productivo. Los jornales o peonadas de las zonas rurales –y especialmente los del tomate– fueron históricamente los salarios peor retribuidos del Archipiélago y aún muy a la baja en el marco del Estado Español (Sabaté Bel, obra citada, pág. 214).

31 Fanegada: medida agraria heredada de los árabes, compuesta por 12 celemines de tierra y que en islas como Gran Canaria equivaldría a alrededor de 5.500 metros cuadrados.

32 Canción "Los tomateros" de V. Lorenzo León, 2016. Youtube: *Los tomateros, historias y vivencias II.*

33 Según el testimonio de doña Mercedes González González, ex trabajadora de los primeros almacenes de Arona: *Teníamos que usar una rafia y tener las cajas preparadas con turba para mantener los tomates y que no se estropearon y luego, antes de los camiones, los camellos se los llevaban atados hasta el Porís de Las Galletas* (citada en M.M. Chinea Oliva, 2005, *Jornaleras del tomate en Arona*. Los Cristianos, pág. 49 y 63).

34 Poniendo el guano a modo de abono en el agua. Antes del guano, según otras informaciones, se empleaban también otros recursos naturales como echar al agua savia de la tabaiba o el verol (*Entre surcos y seretas. Un pueblo hecho a empujones de zafra.* Asociación Homenaje a los Trabajadores/as del Cultivo y Empaquetado del Tomate de Carrizal, 2006, pág. 19).

Y así fue secularmente en todo el Archipiélago desde la conquista española, iniciándose la mayoría de sus habitantes en el trabajo campesino desde la más tierna infancia y, según todos los testimonios recopilados, no sería el cultivo del tomate de ninguna manera la excepción de la regla[35]. De principal escuela[36] el trabajo duro y la propia vida, con palos como juguetes y cabras por compañeras, humildes y descalzos, tomando *aguas guisadas* o un poco de *tabefe* o suero hervido si la leche les faltaba y celebrando el pan fresco como una auténtica fiesta.

Como describiera críticamente Bruno Rodríguez Romero en su novela "La hija del aparcero", en la que recrea la vida de una de aquellas familias en el sur grancanario emigradas de Lanzarote para trabajar en los cultivos de tomate, las condiciones higiénico-sanitarias eran deplorables y la carencia de asistencia médica generalizada:

[35] En la costa del sur de Tenerife, como recoge en su trabajo Sabaté Bel, no existió escuela hasta finales de los años cincuenta del siglo XX. *Todo lo más, podrían acudir algunos niños caminando a las medianías bajas de Arona –Cabo Blanco– donde existió una desde los años de la II República, momento en que se produjo cierto avance en ese sentido. En cualquier caso, la desescolarización y el analfabetismo era la situación predominante entre el proletariado agrícola* (*Burgados, tomates, turistas y espacios protegidos. Usos tradicionales y transformaciones de un espacio litoral del sur de Tenerife: Guaza y Rasca (Arona).* 1993. Caja Insular de Ahorros de Canarias, Santa Cruz de Tenerife, página 209).

[36] Como el citado trabajo sobre las mujeres jornaleras en Arona recoge, aunque la edad más común para empezar a trabajar era la de 12 años, *la mayoría de los niños comenzaba antes, lo que suponía dejar la escuela si es que habían podido acceder a ella: 'Empecé a trabajar con 10 años en el año 34. Cuando dejé la escuela, la primera con pupitres de Cabo Blanco, iba a empezar a aprender las divisiones. Tuve que ir a trabajar. Mis hermanos tuvieron que ir a la de Arona porque aquí en Cabo Blanco no había* (M.M. Chinea Oliva, *Jornaleras del tomate en Arona*. Los Cristianos, 2005, pág. 64).

La hija del aparcero fue una criatura más, entre tantas, que tuvieron por cuna una sereta[37] *y por arrorró la música impenitente de un viento que a todas horas soplaba su canción monótona. En el trozo de mundo que le tocó en suerte no había un pediatra esperándola para, mediante el examen médico de rigor, constatar que llegó sin taras que amenazaran su salud. No habrían visitas posteriores al despacho del galeno para controlar el peso y la estatura. Si en los senos de la mamá había leche suficiente, ésa sería todo su alimento. Caso contrario habría que acudir a la vecina más próxima. Por fortuna, en aquellos parajes abundaban tetas tan generosas capaces de alimentar a su propio hijo y al de la comadre a la vez. Algunos atribuían tanta fertilidad a las cotidianas ralas de vino con gofio de millo antes y después del parto. Era creencia popular que para curar los males estomacales, de garganta o de oído, nada mejor que un santiguado aunque a la hora de la verdad el alto índice de mortalidad infantil se encargaba de desmentir tales bondades*[38].

Ellos, los dueños de los terrenos no les obligaban pero querían que tuvieran muchos hijos porque era mano de obra gratis, nos contaba por su parte el director también vasco Jesús Almedros, que convivió de cerca con aquellas familias durante la filmación de su película "Aparceros" junto a Saldías, *y cuando a lo mejor les veías te decían 'vamos a tener*

---

37 Según el *Diccionario Histórico del Español en Canarias*, se trata de una cesta que tiene diferentes formas y tamaños según las islas y los usos que se les da. Como recoge en dicho diccionario la RAE, citando a Suárez Moreno, en la exportación del tomate de las Islas se sustituyó el atado por esos utensilios *de forma tronco piramidal con un peso de 12 kg de fruta neta y 2,673 kg de tara. Resultaba más caro pero llegaba al mercado con una mejor presentación y un mejor acondicionamiento de la fruta, que iba envuelta en papel sedoso y colocada en capas de viruta de madera.*

38 Bruno Rodríguez Romero, 2010, *La hija del aparcero*, editorial Nace, pág. 70-72.

otro', y no era un baifo[39] *sino otro hijo, y el jefe 'qué bien, ya tenemos otro trabajador más y nos sale gratis'. Y así tenían algunos ocho hijos a lo mejor, y esos niños muchos se morían porque vivían precariamente, no podían ir al médico, tenían que irse a otros sitios, y si en Telde tampoco estaba el doctor se tenían que ir a Las Palmas con el crío en brazos, osea era muy duro*[40]. Sin sanidad ni saneamientos, sin alcantarillas, las basuras arrojadas en las cercanías de sus viviendas generando enfermedades a falta de servicio de recogida y carencia de medios materiales: *La cantidad de niños que morían era tan grande que tenían un sitio especial para enterrar a esos niños, muy duro, es terrible lo que nos contaron*[41].

Uno de aquellos niños supervivientes, Eduardo González del pueblo de Vecindario, publicaría también con el tiempo sus memorias de la infancia[42], describiendo cómo desde los diez años se iniciaba su jornada de trabajo en la madrugada, cuando le despertaba su madre llevándole a la cama una yema de huevo batido con abundante café para que acudiese antes de salir el sol al cultivo donde ya le esperaba el padre. Efectivamente según todos los testimonios recopilados, las niñas y niños trabajaban en el cultivo desde temprana edad (8 ó 9 años), donde colaboraban surcando la tierra, horconando[43], levantando socos, abriendo rayuelas por donde llevar el agua a cada mata y regando, raspando

[39] En el habla canaria: cría macho de la jaira o cabra, cabrito.

[40] Testimonio en la presentación de su película "Aparceros" en Santa Cruz de Tenerife el 19 de octubre de 2023, tras su restauración por parte de Filmoteca Canaria.

[41] Testimonio de Maite Beltrán, que también colaboró junto a su esposo en el rodaje de "Aparceros", hablando en el citado evento de la presentación del film el día anterior en otro acto similar en el Museo de la Zafra de Vecindario. La organizadora por su parte corroboraría que había sido *una proyección muy emotiva porque participaron en el coloquio personas que vivieron en aquella época, oímos testimonios que ponían los pelos de punta, terminamos todos con un nudo en la garganta y llorando sin querer todos, porque oímos cosas terribles de la situación de los aparceros que no conocíamos y fue yo creo que la proyección más emocionante que ha hecho Filmoteca Canaria hasta ahora.*

[42] Eduardo González, 2023, *Lo que el viento nos escribe*, editorial Vecindario.

[43] Según recoge el Diccionario Histórico del Español de Costa Rica, poner horcones o columnas de madera para apoyar las ramas y los frutos del cultivo.

junto a los troncos y arrancando las malas hierbas competidoras, abonando y amarrando los tomateros a medida que iban creciendo, azufrando, deshijando las ramas excedentes, recogiendo los tomates, etc. Según corroboraba con su estudio Rosa Henríquez, la falta de escuelas cercanas, ya que las chozas y cuarterías estaban situadas lejos de los núcleos poblacionales que disponían de colegios, negaba a estas niñas y niños muchas veces el acceso a la educación primaria, pero aun cuando podían ir a la escuela, se optaba por su trabajo en el campo, más productivo para la unidad doméstica que los estudios[44].

Eran los propios familiares quienes transmitían sus saberes e instruían a los más pequeños en las distintas técnicas y habilidades que necesitaban para desarrollar eficazmente las tareas agrícolas, como elegir los mejores materiales para hacer los útiles de trabajo –en muchas ocasiones utilizando únicamente las propias manos, a falta de herramientas, para su confección–, distinguir las mejores maderas para levantar los socos y las chozas, hacer los horcones o los cabos de los sachos. Como describiera González en sus expresivas palabras nacidas de la experiencia directa:

> *Palos de brezo y faya*[45] *enseñados a distinguir por su padre, cañas de larguero y poste que rápidamente aprendería a conocer, eran todos ellos utilizados para levantar los tomateros del suelo, para construir las chozas (...) Cuando la zafra terminaba en la estación correspondiente habrían de recogerse todos, separando las cañas de los palos horconeros, amarrándose y atando en diferentes haces para apartarlos del terreno, apilándolos verticalmente en cuidadosas y paisajísticas cucañas dibujadoras de su*

[44] Rosa M. Henríquez Rodríguez, "Las dos realidades de la unidad doméstica aparcera del sur de Gran Canaria" (1993), en *Sistemas de Género y construcción/deconstrucción de la desigualdad*, página 118.

[45] Myrica faya, llamada comúnmente faya, es una especie arbórea de la familia de las miricáceas. Se trata de un árbol propio de la laurisilva atlántica muy presente, junto al brezo, en el monteverde (bosque húmedo) canario.

propio y particular horizonte. Quedaban entonces los últimos rastrojos tendidos a ras de los camellones que conformaban los surcos peinados sobre la piel de esta parte de la isla. Era entonces el tiempo para que el ganado entrase sin miedo alguno por puertas prohibidas en otros meses sin que se trataran como desaires sus apetencias. El previo paso por taquilla, pagando con quesos las medias que el pastor trataba y contrataba obligatoriamente con los patronos, así lo hacían saber: gratis tan solo el sol, el viento, el sudor, los sufrimientos y la contemplación de las estrellas en noches alargadas de insomnios y dolores de cintura a la luz de las velas[46].

[46] Obra citada, pág. 21-22.

Y no
DIGAS NADA

La miseria solo trae miseria, se dijo toda la vida, pero al parecer la peor parte tocó casi siempre a las mujeres. Necesidades cotidianas y sencillos tratos nunca escritos conllevaban deudas a la larga sobre las que después se arrogaban supuestos derechos y hasta abusos de toda índole más a menudo de lo que comúnmente se piensa. Historias que jamás se contaron abiertamente, sino en susurros y entre sollozos acaso, sobre patrones y encargados principalmente que sacaron provecho de su condición de intocables por influyentes, acosando de palabra y de mirada y obra a su antojo, acechando los momentos en que más vulnerables eran las trabajadoras, cuando realizaban tareas que exigían posturas más expuestas o se encontraban a solas o cuanto más imperiosas necesidades había en sus familias.

¡Shhhhhhhhhh! —me dijeron en cierta ocasión, tratando sobre el tema del acoso sexual y el machismo en el sector agrícola en otro pueblito del sureste de Tenerife tan parecido al mío—. *Nadie lo reconocerá jamás pero aquí, de violaciones y derechos de pernada, como quien dice, prácticamente hasta el otro día. Que de la época de Franco hasta ahora tanto no hace y, durante aquellos años, esto era casi como en la Edad Media pero sin el 'casi'.*

> *Aquí hemos podido ver los abusos que había por parte de los encargados de esa época con las mujeres* –nos confirmaba a las claras doña Olga, extrabajadora de Sardina del Sur–. *Porque aquí, subliminalmente, se ha hablado algo, pero, cuando una profundiza con otras mujeres como yo he tenido*

la oportunidad, el abuso era latente, el acoso sexual, en esos momentos, realmente era acoso sexual, se daba muchísimo[47].

Algunos encargados aprovechaban su papel de supervisión de las tareas de las mujeres para pasar muy pegados a ellas: pasaban entre las máquinas y las mujeres que trabajaban pegadas casi a ellas y, como quien no lo quería se rozaban con ellas, explicaba por su lado, mostrando otro ejemplo de las mañas utilizadas por aquellos acosadores, doña Teresa de Agüimes[48].

Había un encargado muy enamoradizo –recordaba eufemísticamente doña Gloria de El Carrizal– *le gustaban todas las mujeres. Pero después cuando hubo un juicio y se ganó, indemnizaron a la chica que fue víctima de los abusos, al encargado lo destinaron a otro almacén solo de hombres*[49].

Y la misma tónica se dio en mayor o menor medida en todas las Islas donde hubo cultivos de exportación. *Yo nací en el año 68 y soy biznieta de aparcera y biznieta del señorito que la violó,* nos confiaba de forma cruda por su parte doña Lucrecia Roldán, nacida en La Gomera, hablando abiertamente en un acto público del abuso sexual padecido en su familia:

En aquella época, debía ser los años 40, o los años 30, en esas lomadas de Tecina, donde está en la ac-

---

47 Testimonio recogido en *Mujeres empaquetadoras de tomates. Una historia llena de vida, de lucha y de esperanza.* Domingo Viera Gonzalez (coord.), 2018, Mercurio editorial, páginas 78 y 79. Este excelente trabajo, basado en un proyecto de investigación en el cual colaboraron 157 mujeres ex trabajadoras del sector tomatero en Gran Canaria, empleadas por la mañana en la recogida y por la tarde en el empaquetado de los frutos, es, con diferencia hasta la fecha, de entre los publicados en Canarias, el que más profundiza en las condiciones de vida de aquellas mujeres y familias trabajadoras de las que tratamos, aportando multitud de testimonios de altísimo valor histórico y etnográfico.

48 Obra citada, pág. 154.

49 Ídem.

tualidad el hotel, en esas zonas también se trabajaba tomates y los hombres y las mujeres de todos los pueblos iban allí a trabajar. Y la explotación sexual por parte de los señores a las mujeres, sobre todo a las mujeres solteras, era una norma. Entonces mi bisabuela tuvo la desgracia de llamar la atención del señorito que la estuvo acosando un tiempo, ella lo rechazaba hasta que él la trincó y encima se quedó embarazada y ya mi bisabuela nunca jamás supo de más hombre ni ningún hombre en ningún momento se podía ya fijar en ella, con lo cual fue marginada toda la vida por la sociedad.

Desgraciadamente es cierto, se oía y era la realidad –confirmaba otra de las testigos de las duras condiciones padecidas por las mujeres aparceras volviendo de nuevo al caso del sur de Gran Canaria, Maite Beltrán– *sobre todo las niñas, y las muy jóvenes, si pasaba por allí el que estaba en el coche y veía una niña guapa, comentaban que hacían fiestas y llevaban a esas niñas. Es cierto pero nadie se atrevía a decirlo, y así había niños que nada tenían que ver su tono de piel con el de sus supuestos padres, entonces eso es cierto, es tabú y nadie se atreve a enfrentarse a ello todavía. Ayer en la presentación del documental en Vecindario nos decía una señora eso, que no podían ser guapas, hasta eso, si eras guapa eras más desgraciada todavía porque se fijaban en ti y te amargaban la vida*[50].

La mencionada novela de 2010, "La hija del Aparcero" de Bruno Rodríguez Romero, dramática donde las haya por el ambiente social que retrata, acaba de la peor forma para la hermosísima muchacha protagonista, *Yaisa* para sus padres, como la princesa guanche de la que supieran en sus pocos

[50] Testimonios de Maite Beltrán recopilados en la presentación de la película "Aparceros", de Jesús Almendros, Ramón Saldías y José Luis Arza, en Santa Cruz el 19 de octubre de 2023.

días de escuela en Lanzarote, y *María Elena Guillén* para la Iglesia, que no aceptaba nombres *paganos* en aquella época para "cristianar" a los niños canarios y censuraron el elegido por los padres. La mentada hija del aparcero, que según el novelista quería para sí otra vida y *todavía adolescente, la niña tenía muy claro que no seguiría los pasos de su madre, que no se envejecería encorvada sobre la tierra, que no se casaría con ninguno de los mozos de su entorno*, acaba *deshonrada* en plena adolescencia por el jefe inglés y prostituida luego en los muelles de la capital para ganarse la vida. Otra historia más, en el fondo, sintomática del ambiente social reflejado, al tiempo que trágica y ejemplarizante a la antigua usanza de los viejos romances, ahondando el miedo, la vergüenza y la ansiedad en el subconsciente colectivo más victimizado.

Tal vez sea en el sureste de Gran Canaria donde más hayan sido denunciadas, por parte de sus propias víctimas, las condiciones infrahumanas y el secular abuso de poder de algunos empresarios y encargados sobre las familias más vulnerables del sector agrícola:

> *Con sus escasos enseres y una o dos cabras se establecían en chozas y cuarterías carentes de condiciones higiénicas y de las mínimas necesidades básicas*[51]*. Esparcidas entre cultivos y alejadas de los núcleos urbanos, envueltas en olor a guano, azufre y a tomatero intentaban dar cobijo a carencias, a cuerpos hechos al trabajo y a rostros arrugados de impotencia. No cabía rebelarse. Era lo que había y la necesidad obligaba a aceptarlo. No todos fueron*

[51] *La puerta de estas chozas* –señalaba otro de los testimonios– *era de lata de bidones de gasoil. Era fácil ver en el interior a lagartos, piojos y chinches, que convivían con los allí presentes.* Otra persona comentaba: *La cama estaba compuesta por cuatro cajas de tomates unidas y se les ponía encima sacos o mantas viejas* y *para hacer las necesidades fisiológicas solían ir a las cucañas* –añadía una tercera mujer, hablando de aquellas pésimas viviendas–. *Mientras unas hacían sus necesidades otras se ponían a acechar, por si veían a alguien por los alrededores* (*Entre surcos y seretas. Un pueblo hecho a empujones de zafra.* Asociación Homenaje a los Trabajadores/as del Cultivo y Empaquetado del Tomate de Carrizal, 2006, pág. 26).

iguales pero hubo capataces que abusaron hasta lo indecible imponiendo la ley del silencio (...). La guerra civil, la posguerra, el aislamiento internacional y cuarenta años de dictadura santificaron el hambre. Las supersticiones, la ignorancia, la explotación y la ausencia de derechos y libertades se colaron por las rendijas y se hicieron dueños entre los más pobres[52].

Doña Gloria[53], la citada extrabajadora del empaquetado de tomates de El Carrizal de Ingenio, sentenciaba metafórica y muy gráficamente: *el encargado era la mano derecha de Franco.* Y no en vano, el *Generalísimo*, en correspondencia a los favores recibidos por las oligarquías terratenientes locales, contribuyó sin duda, con su régimen de leyes elitistas y su aparato represivo[54], a que se perpetuase aquel atraso social y económico de las más empobrecidas y explotadas familias del campo canario[55], de quienes incluso se benefició directamente tras la guerra a través de la retención de las divisas de las exportaciones fruteras.

---

[52] Obra citada, pág. 15-6.

[53] Obra citada, pág. 66.

[54] Mercedes Chinea Oliva, "Dolores Melo Aponte: una mujer de Arona durante la II República" en *II Jornadas de Historia del Sur de Tenerife.*

[55] Como recogía en su estudio sobre el sur tinerfeño Sabaté Bel, el estallido de la Guerra Civil supuso el fin dramático a la creciente movilización sindical que tímidamente se había iniciado en la zona con la Segunda República y que había ido creciendo en radicalidad a causa de la enorme *pauperización y desesperanza larvada desde muchos años antes entre las clases trabajadoras.* Desafortunadamente, y en palabras del entonces encargado de una finca citado por el autor, *después del Movimiento, el jornal que pusieran, ése era* (Sabaté Bel, obra citada, pág. 222). También Mercedes Chinea, en su artículo sobre Dolores Melo, acuerda en señalar que *la represión cumplió su papel ejemplarizante de lo que ocurría a los adversarios: la muerte, la incautación de bienes, la pérdida del puesto de trabajo. Pero sobre todo servía a su objetivo de paralizar a la sociedad, adormecer a la población por la estrategia del terror* (artículo citado, pág. 153).

Otra popular rima de aquella época, recordada por don Antonio, también del municipio de Ingenio donde trabajó en los almacenes de empaquetado, resulta igualmente muy ilustrativa como retrato del poder de aquellos encargados y capataces de antaño[56], comparables en omnipotencia a verdaderos dioses dictadores y a quienes, acaso a modo de advertencia, se permitían rebautizar con expresivos motes referentes a su verdadera esencia y carácter:

En el cielo manda Dios
y en el infierno un carozo
y en el almacén de Verdugo
manda Pepito el Rabioso[57].

[56] Según otros testimonios, existió un trato distinto y más favorable a las cuadrillas trabajadoras en las explotaciones más pequeñas, donde el tratamiento era más cercano y respetuoso, en relación a las de los grandes propietarios, donde se recurría en mayor medida a la presión constante, el trato vejatorio, a través de gritos e insultos o incluso castigos, y el subsecuente miedo entre las-os trabajadores maltratados (*Mujeres empaquetadoras de tomates. Una historia llena de vida, de lucha y de esperanza.* Domingo Viera Gonzalez, coord., Mercurio editorial, 2018, páginas 66-80).

[57] Obra citada.

Los tomates que
"SALVARON AL GOBIERNO"

Nuestra Cruzada es la única lucha en la que los ricos que fueron a la guerra salieron más ricos, había dicho públicamente y sin ambages el caudillo español[58] mientras, por su lado, en el sur tinerfeño hasta los propios campesinos señalaban que *los tomates de aquí* habían salvado al gobierno de Franco, refiriéndose a la importancia decisiva que tuvo el apoyo de aquellos empresarios y las exportaciones canarias como fuente de ingresos para nivelar la balanza comercial del país durante las dos primeras décadas de la dictadura[59].

Quid pro quod. Con el tiempo se conocieron los detalles y se supo cómo efectivamente para el dictador había sido vital desde el primer momento del *Alzamiento* la particular ayuda y el colaboracionismo de los terratenientes y empresarios fruteros en Canarias y que apellidos patrios y extranjeros se sumaron al apoyo del régimen franquista de inmediato[60] para defender sus comunes intereses económicos, manchándose incluso algunos literalmente las manos de sangre durante la cruenta represión. Como se publicaba

[58] Frase pronunciada por Francisco Franco en un discurso en Lugo el 21 de agosto del año 1942, donde el dictador resumía perfectamente lo que serían los planeamientos generales de su política favorecedora de las oligarquías durante toda la dictadura.

[59] Sabaté Bel, obra citada, pág. 277.

[60] Según recoge el historiador Ramiro Rivas García en su obra "Y Franco salió de Tenerife" (2018, Laertes), *Franco acudió en la tarde del 17 de julio a una finca de Tafira Alta. (...) En ella mantuvo reuniones con los conspiradores locales, la cabeza de la trama civil en la isla de Gran Canaria. Entre otros destacaban el empresario y cosechero de tomates Antonio Bonny, su hermano Juliano y los más significados representantes de las derechas grancanarias (todos ellos ya de veraneo en sus mansiones de Tafira y Santa Brígida) que se pusieron a disposición incondicional de la autoridad militar desde las primeras horas del golpe.*

TARA 3000K
FYFFES LIMITED
2

en un artículo de la prensa nacional, la burguesía local en Canarias no titubeó un solo instante a la hora de prestar su apoyo al golpe franquista y las páginas de las hemerotecas isleñas son evidencias muy elocuentes al respecto: *Listados interminables de apellidos, junto a aportaciones económicas o entrega de joyas de oro para la causa franquista, aparecían cada día en la prensa de Las Palmas: 'Herederos de la Heredad de Aguas de Arucas y Firgas, 10.000 ptas; Don Fernando del Castillo, Conde de la Vega Grande, una caja de reloj, un collar, un alfiler de hebilla, siete anillos…'. Pero la burguesía canaria prestó algo más que su apoyo político, financiero y 'patriótico' a la insurrección militar. Jóvenes pertenecientes a las más adineradas familias del Archipiélago formaron parte de las filas de las temibles brigadas del amanecer, que con tanta eficacia contribuyeron a la liquidación física de un todavía indeterminado número de republicanos isleños. No resulta, pues, extraña la resistencia de sus descendientes a que se revise el pasado, a que los nombres de los asesinos sean borrados del callejero de las ciudades y pueblos de las Islas*[61].

Otros artículos de la prensa digital isleña denunciaban asimismo los vínculos y connivencias entre importantes familias exportadoras y Franco en términos muy elocuentes: *La miseria que hubo en el sur de Gran Canaria por la presencia de un sector tomatero que esclavizó a los aparceros del sector en cuarterías, tuvo la protección de Franco porque*

---

[61] El citado artículo enumera algunos apellidos: *Nombres como Chanrai, Navarro Carló, Molina, Bacarán, Medina, del Castillo, Fuentes, Montesdeoca, Bonny, Ley, Benítez de Lugo, Marqués de La Florida, Manrique de Lara, Frade, Cambreleng, Manchado, Conde de la Vega Grande, Massieu, Masanet y Mauricio expresaban de variadas formas su adhesión con los insurrectos. En Tenerife, la solidaridad con el golpe vino de apellidos como Zerolo, Cobiella, Hardisson, Santaella, Baudet, Doblado, Mardones, Melchior. Uno de los padres fundadores de ATI, la formación política que gobierna hoy en Canarias, José Miguel Galván Bello, había sido antes Jefe de la Falange, el fatídico año de 1937. La coincidencia que se produce al cotejar algunos de estos apellidos con los de quienes hoy rigen –o han regido– la vida política y económica de las Islas no es una mera casualidad* (Cristóbal García Vera, "Las oscuras razones de la burguesía canaria contra la recuperación de la memoria histórica", *Rebelión*, 7/9/2016).

los Bonny fueron socios colaboradores (...) generando un monocultivo agrario en manos de extranjeros que solamente ha sido sustituido por el turismo, también en periodo franquista. La ley no imperaba sino contra el trabajador porque los Bonny participaron en las conspiraciones contra la república en julio de 1936. En concreto, Antonio y Juliano Bonny financiarían la llegada del avión de Franco para dar formalmente el estallido de la contienda en Tetuán[62].

El representante de la casa Elder en Tenerife, por poner otro ejemplo, uno de aquellos navieros exportadores fruteros, y al mismo tiempo cónsul de Suecia, donó veintitrés rollos de alambre de espino para evitar la fuga de los presos canarios. Y terribles testimonios de asesinos falangistas arrepentidos ya difuntos, como Feluco Acosta Febles[63], señalaron incluso con nombres y apellidos a una parte de los principales responsables de la salvaje represión fascista en Gran Canaria, muchos de ellos empresarios terratenientes y burgueses exportadores de tomates:

> *Quien llevaba todo aquello era Francisco Rubio Guerra y por encima dél estaba Eufemiano Fuentes, junto a los terratenientes agrícolas, ingleses y canarios: los Betancores, los Bravos, toda la familia del Conde y la Marquesa que eran familia, los Bonny, los*

---

[62] *La operación, aunque financiada por los conspiradores españoles* –continuaba señalando el citado artículo– *contaba con la anuencia de Londres, como sostiene el historiador Paul Preston en su biografía sobre el dictador, muerto en 1975. Juliano Bonny Gómez se puso a apoyar a Franco tras crear su imperio agrario en 1935. Inicialmente, cerca de Las Palmas pero con el creciente aumento del negocio se trasladó al sur de Gran Canaria mientras tenía una red propia en Inglaterra. La compañía aceleró su poder desde 1969 (...) Las gestiones realizadas para alquilar el Dragon Rapid y enmascarar la finalidad a que se destinaba su uso aparecen explicadas con cierto detalle en Thomas Hugh en 'La Guerre d'Espagne', París, y con más detalles por Víctor Morales Lezcano en Los ingleses en Canarias editado por el Gobierno de Canarias en 1992. También se narra en las memorias de esos sucesos redactadas por uno de sus protagonistas: Luis Bolín en 1967* (Yurena Vega, "¿Qué le debía Franco a Bonny para proteger sus negocios en Tirajana?", en *Maspalomas 24h. Periódico digital del sur de Gran Canaria,* 27-10-2022).

[63] Entrevistado en Las Palmas el 12 de mayo de 1997.

Yeoward... Todos esos nos mandaban a matar como si fuéramos perros de presa, a destrozar sus familias, de esos poderosos también venían a veces, sobre todo los más jóvenes que venían a instruirse, a disfrutar con aquellos abusos.

Siempre me acordaré cuando recogimos a tantos hombres, en el norte de la isla el 7 de abril del 37, apresamos en Firgas, en Moya, en Arucas, en Gáldar, hasta cerca de Agaete, en los barrios más cercanos al mar. El camión iba lleno, no cabía ningún hombre más, yo creo que por lo menos iban más de sesenta hombres y dos mujeres. Sintes dio la orden de llevarlos a Los Giles pa´ darles cuero porque en aquel pago no había casas, pa´ que nadie pudiera escuchar los gritos de aquellos desgraciados. Cuando estaban destrozados los metíamos en el camión y los coches hacia la Sima Jinámar, allí los subíamos hasta donde el camión llegaba, después caminando en fila de uno. Todos los presos sabían que los íbamos a tirar a la fusnia[64] *volcánica (...) Los que se caían al sue lo porque no podrían más los fundíamos a patadas y culatazos, además el picón los cortaba como cuchillas. Todo esa romería sangrienta pa´ tirarlos después vivos o muertos a un abismo tan negro, tan hondo que cuando caían tardaba un rato en oírse el estampío, lo que demostraba lo profundo que era aquello. Así cada día durante varios años, yo calculé más de quinientos hombres que pasaron solo por nuestra Brigada, hombres trabajadores, jornaleros, también funcionarios, maestros, artistas, había de todo, pero la mayoría eran obreros*[65].

64 Del canarismo *furnia,* según el *Diccionario Básico de Canarismos* cavidad grande y profunda en dirección vertical, por lo común en terreno peñascoso, sima.

65 Paco González, "Los apellidos del horror", en *La Raíz. Semanario Digital Canario de Noticias* (24-3-2022).

Quisiera, en este punto, mencionar y contribuir especialmente a rescatar del olvido la figura de Dolores Melo Aponte, *La Pasionaria* de Los Cristianos[66], medianera, también hija y nieta de campesinos, viuda de un medianero y peón de galerías prematuramente muerto en el fondo de un pozo, y madre de tres hijos vinculada con la Federación Obrera Comarcal de Arona y sus actividades durante la Segunda República Española, siendo por ello duramente represaliada y convirtiéndose en, que se sepa hasta el momento, la única mujer del municipio sometida a un Consejo de Guerra tras la caída del gobierno republicano[67]. Igualmente resulta inevitable recordar en relación a esto los estremecedores relatos de "Tormenta en la memoria" de Francisco González Tejera, basados en entrevistas y hechos reales acontecidos después del alzamiento franquista en Gran Canaria de los que su propia familia fue víctima, y donde se denuncia la participación directa de algunos de aquellos empresarios en la represión más sanguinaria y cruenta que han vivido las Islas desde la conquista española[68]. Seguramente algunos de sus herederas-os quisieran ya para siempre pasar página y desligarse de aquel terrible pasado aunque lamentablemente, por siglos que pasen, tanto crimen y tanto abuso, tanta humillación, dolores y miserias difícilmente se podrán olvidar ni perdonar jamás[69].

---

66 Mercedes Chinea Oliva, "Dolores Melo Aponte: una mujer de Arona durante la II República", en *II Jornadas de Historia del Sur de Tenerife*, pág. 154.

67 Poco más se sabe sobre ella después de su encarcelamiento y tortura, excepto que enloqueció y acabó sus días en un manicomio, apenas hay trabajos históricos sobre su papel y sin embargo, como recoge en un interesante artículo sobre su importancia, la historiadora M. Chinea, *a tenor de lo que señalan las fuentes orales, tuvo un significativo peso entre sus contemporáneos y vecinos: fue una gran oradora que despertaba el entusiasmo de los que la escuchaban, una viuda que hospedaba en su casa a importantes miembros de la Federación Obrera de Arona* y de quien el propio alcalde de Arona informaba en octubre del 36 que, desde 1931, Dolores Melo se había distinguido por su *exagerado extremismo.*

68 Editorial Hades, 2015.

69 Un fragmento del citado libro, por ejemplo, del relato "La rabia del viento" es absolutamente estremecedor:

Ya bien entrados los años sesenta del siglo XX, en la época de máximo apogeo franquista y tomatero, se calcula que en torno a diez mil hectáreas estaban dedicadas al cultivo del tomate entre las dos provincias canarias y que la cosecha anual que se exportaba al extranjero ascendía a 144 mil toneladas, ocupando el sector uno de los primeros lugares en el conjunto de la economía agraria española y viviendo el negocio de los empresarios del tomate uno de sus mejores momentos. Sin embargo, para las familias productoras las miserables condiciones laborales y económicas apenas cambiaron. El testimonio de otra de aquellas mujeres campesinas del norte de Tenerife afincada desde pequeña en el sur de su isla, doña Ernestina Flores Melián, es también muy elocuente recordando la vida de las familias trabajadoras durante aquellos años grises del franquismo, poniendo en verso incluso algunas de sus experiencias más vívidas para mejor compartirlas:

La noche era silenciosa, calurosa como casi todas en el agosto de las Islas Canarias, los hombres no hablaban, solo avanzaban lentos entre los golpes e insultos de los fascistas. Bonny seguía bebiendo con el sobrino del Conde de la Vega, se burlaban del olor de los reos, de cómo dos se habían cagado encima. –Qué asquerosos y cobardes son estos rojos de mierda, –dijo mientras encendía un Virginio–. Llegaron al borde del agujero volcánico y Pernia se acercó al más joven de los detenidos, Pedro Bencomo, jornalero en los tomateros de los Betancores. Lo tomó por el brazo y el joven le dijo que no lo tocara, que él se tiraba solo. Avanzó unos pasos y se arrojó al vacío, no se escuchó nada en unos segundos largos como una galaxia, hasta el momento del estruendo, golpe tras golpe contra las paredes del abismo. El resto de los hombres lloraban a gritos, suplicaban clemencia, pedían por sus hijos y sus mujeres, pero los fascistas fueron implacables, los arrojaron uno a uno, gastando bromas, burlándose de lo cobardes que eran, los cuerpos caían como piedras, incluso alguno se quedó colgado en alguna repisa del risco, se escuchaban sus quejidos, sus lamentos, sus alaridos de dolor. –Eso está bueno así sufre más el hijo de puta, –dijo el hijo del terrateniente tomatero–. Casi amanecía cuando tiraron al último. –Vamos al bar del pueblo, yo invito –dijo el sobrino del Conde la Vega–. Los uniformados lanzaron gritos de júbilo. –¡Arriba España! ¡Viva Franco! Y bajaron cantando el "Cara al Sol" hasta subirse a los camiones y partir entre brumas hacia un nuevo genocidio. Fuente: Blog: https://viajandoentrelatormenta.com/la-rabia-del-viento/.

Nací en Tegueste en el año 1951. Me crié en el sur, en el campo; en La Caldera, esa zona pertenece a Adeje, pero los dueños de la finca eran de Arona. Allí viví doce años, mis padres trabajaban en los tomates y la platanera. Se levantaban a las seis de la mañana a trabajar ocho horas por una miseria, y sin descansar, salían de un sitio e iban a otro a sachar y amarrar los tomateros que cogían de medias.

Mi hermana es mayor, les preparaba el café y yo se lo llevaba a las huertas. Trabajaron mucho, en el tiempo de la zafra se trabajaba mucho, no se podían dejar los tomates en la mata, había que cogerlos, empaquetarlos y cargar los camiones pa' que los llevaran al muelle de Santa Cruz.

Mi madre, que poco comía,
con un cacho pan salía
de la cueva pal salón,
a empaquetar los tomates
y pegarse el madrugón,
y se puso muy malita
de una anemia que cogió
trabajando, sol a sol[70].

[70] Como confirma también Sabaté Bel, en su estudio del tomate en el sur tinerfeño, en las fincas la jornada establecida desde la implantación del trabajo asalariado discurría de sol a sol y apenas había breves interrupciones para las comidas y ciertos descansos conocidos como las fumadas. Dichas pausas las marcaba el encargado soplando el bucio o un silbato si bien los peones conocían más o menos su llegada guiándose por la sombra: *El reloj era un lujo, además, poco necesario en tales condiciones socioproductivas* (*Burgados, tomates, turistas y espacios protegidos. Usos tradicionales y transformaciones de un espacio litoral del sur de Tenerife: Guaza y Rasca (Arona).* 1993. Caja Insular de Ahorros de Canarias, Santa Cruz de Tenerife, pág. 210).

Yo empecé a trabajar a los quince años, en el tabaco, la platanera y en los tomateros. Salía de mi casa a las seis de la mañana, nos llevaba un camión a la finca. Trabajábamos ocho horas, una hora pa' comer, pero pa'l bocadillo de la mañana no nos daban nada, teníamos que comer trabajando, una mordida al bocadillo y ¡al bolsillo!, y así. Nos prohibían llevar reloj.

Teníamos que preparar el terreno pa' sembrar, despedregar (quitar las piedras pa' hacer los surcos), plantar, amarrar y después coger los tomates pa' llevarlos al salón y empaquetar. Donde hoy le dicen Las Américas, era una finca de tomates de punta a punta del mismo dueño. Ahí trabajé yo, a esa zona la llamaban Los Curbelos. También trabajé en lo alto de La Montaña Guaza que había otra finca y cerca del Aeropuerto Sur, todo eso eran fincas de tomates.

Seis y media la mañana
cogíamos el camión,
por la mañana el sereno
y por la tarde el calor.

Nos prohibían el reloj
pa' robarnos los minutos
y pa' engordar al patrón.

Y con los pies enchumbados
del sereno o de la lluvia,
a la hora del almuerzo
los poníamos al sol.

No podíamos ni hablar
entre tantas compañeras,
como si fuéramos mudas
debajo de la sombrera.

El agua la llevábamos en un bidón pequeño, en el que traían el veneno pa' la finca, se fregaba bien y lo usábamos pa' eso, no nos daban otra cosa. Yo antes de salir de mi casa, desayunaba una taza de leche y gofio, pues cuando llegaba al trabajo tenía una sed... Y buscaba el bidón que se quedaba destapado en un surco, no tenía ni tapa y el agua cubierta por una nata de azufre. Una vez, cogí el jarro, aparté la nata y bebí agua. Cuando me di cuenta, habían dos lagartos en el fondo del cacharro[71].

[71] Testimonio manuscrito redactado especialmente para este libro por doña Ernestina Flores en septiembre de 2023 y gentilmente mecanografiado por su hija, también poeta además de cantautora canaria, Dácil Trujillo.

Y al mal tiempo
BUENA CARA

Especialmente duro para las familias campesinas era el trabajo bajo inclemencias del tiempo como la lluvia intensa o los temporales de viento, sin calzado ni ropas impermeables sino plásticos improvisados a lo sumo y con la premura y la presión constante de que la delicada fruta se perdiera lo menos posible.

Aunque los días de mal tiempo no fuesen muchos en los campos sureños donde los cielos limpios y los surcos, abiertos siempre de oriente a occidente, estaban iluminados por el sol directo la mayor parte del día, cuando las fuertes borrascas llegaban eran particularmente penosas como en aquel febrero del año 1956, que tan bien recreara en su novela "La casa del inglés" Manuel Rebollo López, cuando una gran tormenta de viento, lluvia y granizo tumbó varios puentes en el sur de Gran Canaria, los barrancos corriendo mantuvieron incomunicados varios pueblos durante días e incluso hubo corrimientos de tierras y de casas, como en el término de Rosiana en Santa Lucía de Tirajana, por el exceso de agua lanzada por las pendientes. Con temporales así, como expresara el citado autor, las tomateras:

> *se resentían del azote del viento en la tierra empapada, arrancándolas o rompiéndoles las ramas, llevándose consigo mucha fruta en ciernes que nunca llegaría a madurar. Esta contingencia representaba muchos kilos de tomates que no se cogerían en su tiempo y mucho dinero que no amortizaría el anticipo. Cuando a la lluvia le acompañaba el viento, y en los últimos días se estaba originando este fenómeno, la ruina era completa. Amanecían mañanas*

plomizas con viento racheado y negros nubarrones cubrían con rapidez el cielo, el ambiente se impregnaba de humedad y, desde la montaña del suroeste, surgían cortinas de agua que en unos instantes encharcaban la tierra[72].

De forma sintomática, tras tan clara descripción, la novela continúa mostrando cómo, aún a pesar de tan malas condiciones climáticas, el mayordomo de la finca *había madrugado aquel día como de costumbre para transmitir a los aparceros las instrucciones del amo: 'al mediodía la fruta debía estar recogida y apiladas las cajas junto al camino'. El tiempo había refrescado mucho y, si caía el granizo que todos pronosticaban, gran parte de la cosecha se perdería en unos minutos*[73]. Tal vez huelga decir que, en dicho ambiente social, cualesquiera otras consideraciones de la peonada frente a las de la patronal eran absolutamente secundarias y por ende desestimadas. *Donde mandan patrones* –bien era inculcado y sabido desde antaño en las Islas– *no mandan marineros.*

Los peores meses y de mayores necesidades para aquellas gentes, no obstante, llegaban generalmente con los resecos veranos, en los meses *muertos* entre zafra y zafra, época de *vacas flacas* para la economía aparcera en que había que hallar alternativas estirando los escasos ahorros y *buscarse el potaje* con cuatro coles *de orilla*[74], tal y como quedaba incluso estipulado en las normativas que se harían vigentes y que, por ejemplo, en relación al aparcero estipulaban a las claras el: *derecho de aquel a realizar en la parcela cul-*

---

[72] Manuel Rebollo López, 2018, *La casa del inglés. Historia y vida cotidiana en la zafra del tomate.* Mercurio, Madrid, página 143.

[73] Obra citada, misma página.

[74] Cultivos secundarios sembrados en las orillas de los cercados, en los terrenos sobrantes del cultivo principal, para el autoconsumo familiar principalmente aunque a veces también para la venta. *Los empresarios les permitían cultivar en las orillas de los surcos cantidades de calabaza, calabacines, habichuelas, coles, rábanos, etc., que en algunos casos vendían en las tiendas de comestibles* (*Entre surcos y seretas. Un pueblo hecho a empujones de zafra.* Asociación Homenaje a los Trabajadores/as del Cultivo y Empaquetado del Tomate de Carrizal, 2006, pág. 14).

tivos complementarios, siempre y cuando no causen daño al cultivo de tomates a juicio de la Empresa, haciendo suyos los productos obtenidos[75]. Como explicara al respecto doña María Guadalupe Ramos, de la localidad tinerfeña de El Fraile en el municipio de Arona:

> *Sembrábamos millo, coles, bubangueras*[76] *y nada más, no se podía sembrar más nada. No dejaban sembrar más nada. Y si la mata de millo llegaba a la mata de tomateros la arrancaban, la mandaban a arrancar. Era en lo que quedaba vacío*[77].

Cuando los recursos familiares, tanto en monetario como en especie, no alcanzaban para la común subsistencia, siempre se podía a última instancia solicitar crédito en los comercios locales, que no solo cumplían la función de expender mercancías sino que se encargaban también en ocasiones de realizar el pago a los peones de los contornos, como nos explicaba Fernando Sabaté Bel en su estudio sobre el sur tinerfeño, mediante un sistema de vales previamente pactado con las empresas y que funcionaban durante la zafra a modo de intermediarios para facilitar el cobro, en comida u otros productos a la venta, de los anticipos ameritados, y fuera de tiempo de zafra como una especie de banco donde ir anotando las deudas de las compras realizadas en una libreta para saldar, como muy tarde y sin falta, al inicio de la nueva zafra según se cobraran los primeros anticipos.

---

[75] Sabaté Bel, *Burgados, tomates, turistas y espacios protegidos. Usos tradicionales y transformaciones de un espacio litoral del sur de Tenerife: Guaza y Rasca (Arona).* 1993. Caja Insular de Ahorros de Canarias, Santa Cruz de Tenerife, pág. 239.

[76] Según el *Diccionario Histórico del Español en Canarias,* planta cucurbitácea cuyo fruto es el bubango (Cucurbita pepo). Una variedad parecida al calabacín.

[77] Sabaté Bel, *Burgados, tomates, turistas y espacios protegidos. Usos tradicionales y transformaciones de un espacio litoral del sur de Tenerife: Guaza y Rasca (Arona).* 1993. Caja Insular de Ahorros de Canarias, Santa Cruz de Tenerife, pág. 239.

Cualquier aporte resultaba de ayuda en medio de escasez tan soberana y era sobre todo a las madres a quienes se entregaban los dineros de *los cáncamos*[78] que iban saliendo para que, cobijándolos en alguna media escondida en cualquier refajo, los ahorrase y administrase hasta lo indecible en bien de todos. O, a falta de recursos monetarios, saliendo a pescar o a cazar y recolectar lo que de libre acceso hubiese a mano por las inmediaciones –que no era mucho, pescado y algún marisco, aves y conejos silvestres, cochinilla, tunos[79] y poco más– para consumir o vender y colaborar como se pudiera con los precarios ingresos de las familias.

De adolescente, recuerdo salir un día a pescar morenas con mi abuelo, mi tío Ignacio, mi padre y mis primos y hermanos, al estilo artesanal tradicional isleño, como sus propios padres y abuelos les enseñaran a ellos a hacerlo para el autoabastecimiento y la supervivencia, de la forma más sencilla y humilde, sin embarcaciones sino desde la orilla, engodando a las morenas con sardinas que machacaban dentro de una talega de tela de saco que dejaban rezumar luego, con dos o tres teniques encima para que la mar no se la llevara, en la misma orilla de la costa rocosa elegida, y justo en plena bajamar antes de que comenzara a subir de nuevo la marea. Esperando al pescado pertrechados apenas de una sencilla fija con un trozo de nylon y un anzuelo empatado al extremo, del que hacían pender luego durante todo el tiempo el mismo y duro rejo de pulpo con el que cebar finalmente a los voraces peces que salían casi ciegos, deslizándose en ocasiones sobre lo seco, muertos de hambre tras la blanca carnada.

Aquella última jornada es cierto que no se prodigó mucho la pesca pero recuerdo que lo pasamos igualmente genial en familia, escuchando al abuelo –Papá Manuel, como le llamábamos cariñosamente los nietos– entonar para nuestro

---

78 Pequeños trabajos remunerados no regularizados que forman parte de la economía sumergida.

79 Acorde al *Diccionario Básico de Canarismos*, fruto de la tunera, higo chumbo. Las porretas se hacen secando los tunos.

entretenimiento el mítico canto que desde antiguo se usara para atraer a las morenas: *Jo, morenita, jooooooo, que viene el macho y se lleva la carnadaaaaaaa*, en voz baja mientras andaba despacito sobre las resbaladizas piedras –con aquellos pies que a mí me parecían enormes y blanquísimos de ya apenas tomar el sol y que tanto contrastaban sin embargo con la tez morena de su rostro campesino– hurgando con su fija y su rejo de pulpo entre las cuevas de la orilla hasta que al fin logró pescar una, aunque no muy grande, para alborozo de toda la cuadrilla.

Me parece estar viéndole allí ahora mismo, agachado junto a un charquillo, con su navaja sacándole el buche a la morena y limpiándola meticulosamente ante la fascinada mirada de los chinijos[80], mientras le decía satisfecho y sonriente a mi padre: *¿Eh, Manué, no te lo dije? Pa´ mucho no dará pero ¡ya puro no lo comemos!* –refiriéndose al gofio con el que invariablemente almorzaba cada día, y enfatizando la frase varias veces para que aprendiéramos bien la lección– *Ya puro no lo comemos.*

[80] Niños chicos, en algunas islas de Canarias como Lanzarote o La Graciosa.

El que parte y REPARTE...

La organización de las empresas tomateras era compleja, el empresariado arrendaba los terrenos y hacía construir chozas, oficinas y casetas que servían de alojamientos a los aparceros, además de contratar el agua en los pozos cercanos que garantizaran los riegos y construir almacenes para el empaquetado del fruto, de una o varias naves, situándolos en las poblaciones cercanas a los cultivos o para guardar materiales y aperos. Asimismo, hacían traer la maquinaria precisa para la construcción de cajas y seretos para el transporte de los frutos, al principio en barco y luego ya también en aviones. Entre el personal habitual para atender dichas actividades se encontraban encargados, corredores, chóferes, cargadores, clasificadoras, empaquetadoras, trabajadores de la madera, aparceros y/o jornaleras y jornaleros puntuales para ciertas tareas.

Con la progresiva incorporación de las cajas de plástico para el traslado de la fruta desde el cultivo y las de cartón para su embalaje se acabó por suprimir con el tiempo todos los puestos relacionados con la madera, en cuya elaboración solían colaborar los más jóvenes por ser tareas más livianas aunque agotadoras a causa de las largas jornadas. Según los testimonios recogidos, cuando las zafras estaban en pleno apogeo, éstas podían alargarse 14 ó 18 horas diarias e incluso se llegaba a trabajar en domingos y días festivos.

Como aparceros que la mayoría de los campesinos eran, por su lado, el salario se acordaba *a la parte* según lo producido. El trato inicial, heredado desde el medievo pero igual de funcional para el capitalismo vigente[81], consistía en compartir los riesgos y los costos —el empresariado poniendo la tierra, el agua y los insumos necesarios y los contratados y sus familias el resto de las herramientas más todo el trabajo— para después repartir los supuestos beneficios o pérdidas al final de las zafras. Si bien, siendo realistas, era el riesgo en verdad lo que más se repartía, pues, como muy bien nos explicaba González Rodríguez en su estudio, el sistema de la aparcería resultaba idóneo para el empresariado al suponer no solo minimizar los potenciales peligros debido a accidentes sino también un notorio ahorro en cuanto a vigilantes, capataces y cualquier otra forma de control del obrero y de su producción. De esta forma: *el aparcero que recibe la 'propiedad' temporal de su parcela se convierte en vigilante de su propio trabajo, adquiere mentalidad de empresario, y, cuando la fuerza de trabajo de su familia no es suficiente, contrata a algún jornalero*[82].

Por otra parte, en la medida en que los peones no tenían otros recursos y a los patrones no les faltaba, los jefes adelantaban a sus aparceros un anticipo semanal para que *fueran escapando* en tanto llegaba la cosecha y, al final de la misma, y descontando entonces *lo comido por lo servido*, ya saldarían sus cuentas. Mas, como el refrán rezara y fuese de

[81] Según expusiera el expresidente de Canarias, Jerónimo Saavedra Acebedo, en un pionero artículo sobre los aspectos jurídicos del cultivo del tomate a la parte, publicado en el Diario de Las Palmas el 9 de agosto de 1968, *esta institución jurídica corresponde a un sistema económico precapitalista, donde la falta de capitales de los propietarios agrícolas y de las empresas navieras para desarrollar sus actividades les llevaron a incorporar la mano de obra en el riesgo del cultivo o de la navegación, sin tener que abonarle periódicamente un salario determinado; únicamente al terminar la zafra o el viaje le liquidaban su 'parte'*. Parece más verosímil, no obstante, considerar que no fue tanto la falta de capitales de los millonarios intermediarios fruteros y navieros como su avaricia de plusvalor la verdadera causa que les llevara a aprovechar ese modelo preexistente de retribución de la mano de obra canaria para amasar más rápidamente sus particulares fortunas, pues no en vano el sistema siguió manteniéndose incluso después de que el empresariado acumulase pingües capitales.

[82] A.V. González Rodríguez, 1998, *El Sureste de Gran Canaria*, Ayuntamiento de Santa Lucía, página 578.

dominio público, *quien parte y reparte se lleva la mejor parte* y además es también muy sabido que *nadie se hizo rico nunca solo trabajando*, de modo que, invariablemente al final de la zafra, mientras la peonada aparcera solía obtener *milagrosamente* casi lo justo para su supervivencia y poco más, o en ocasiones incluso menos[83], los beneficios no hacían sino engordar la avaricia de los amos cada vez más enriquecidos.

Solo sus encargados se ocupaban del pesaje de la fruta y, en *los vales* que proporcionaban, recurrentemente aparecían como inservibles o *tara*, cajas y cajas de tomates que se les descontaba a los agricultores y que, sin embargo, se llevaban luego al mercado y se vendían únicamente para el lucro ajeno[84]. Y *lo tomas o lo dejas*, les decían. Y *si uno sale, quince entran*, amenazaban. Tanto era el pobrerío frente a poderío tanto. Los más viejos aún se acuerdan y en versos lo escribió otra poeta del pueblo para que jamás se olvidara:

En la caja de tomate va mi sangre,
la de mi mujer y la de mis hijos e hijas.
Pesa treinta kilos.
Usted me pone: 10, apto;
15, tara; y cinco, verde.
Déme la sangre que falta, es mía[85].

[83] *Hacia los años 50, la fanegada se pagaba a 18 duros* –recordaba en 2006 una grancanaria de 57 años– *y al final de la zafra a los padres no les quedaba nada de dinero ahorrado, más bien "drogas" (deudas) en las tiendas que les habían suministrado a lo largo de la zafra (Entre surcos y seretos. Un pueblo sacado a empujones de zafra,* Asociación Homenaje a los Trabajadores/as del Cultivo y Empaquetado del Tomate de Carrizal, 2006, pág. 27).

[84] A fábricas como la de *Intercasa* en Gran Canaria, instalada en El Castillo de El Romeral.

[85] Benita López Peñate, *Libros de Sal*, Begin Book, 2010.

De entrá me da buenos kilos pa que yo se los coja bien –explicaba un aparcero grancanario, dando un ejemplo del modus operandi de aquellos patrones– *pero cuando ve que voy por 13 ó 14 mil kilos, que es a partir de 17 ó 18 pa´rriba que ya pego a coger algo pa´ mí también, entonces las cajas no pesan ya sino 3 ó 2 kilos –una caja pesa 30 kilos–, ¿comprende?*[86].

Causalmente, que no de forma casual, era ir a reclamar la tara, como acabó por hacer Celedonio López entre otros, el padre de la citada poeta, y comenzar a disminuir la cantidad de la misma en los vales. *Niño que no llora no mama*, hasta el refranero lo sancionaba, estaba claro, y mucho se aprendió de aquellas experiencias de lucha sin duda[87]. Como recogía Villalba Moreno en su pionero libro, a partir de 1965 en que se firma el primer convenio colectivo del sector, la aparcería se moviliza y va a protagonizar uno de los movimientos sociales reivindicativos más importantes de Canarias en aquella época. Sus reivindicaciones se centraron en el control del pesaje y la selección de la fruta, además de que fuese por cuenta del empresariado la preparación de las tierras, los abonados y regados, y se garantizara el cobro de dos jornales por fanegada

[86] Rosa M. Henríquez Rodríguez, "Las dos realidades de la unidad doméstica aparcera del sur de Gran Canaria" (1993), en *Sistemas de Género y construcción/deconstrucción de la desigualdad, Actas del VI Congreso de Antropología*, página 116.

[87] Para la más reciente y completa aportación al estudio de aquellos procesos de organización social y política entre los aparceros canarios, véase el trabajo: "Algunos apuntes sobre la cuestión agraria en Canarias durante el tardofranquismo y la transición: las luchas aparceras en Gran Canaria", Víctor Onésimo Martín Martín, Luana Studer Villazán y Luis Manuel Jerez Darias, 2018 en *La transición en Canarias: actas del Encuentro de Historia sobre la transición en Canarias: del tardofranquismo a la democracia, 1969-1986,* LeCanarien ediciones, págs. 317-344. En el mismo se distinguen cuatro etapas en aquellos procesos: 1, de los comienzos de las luchas aparceras a la puesta en marcha de la Norma de Obligado Cumplimiento (1962-1974); 2, el periodo álgido de las luchas aparceras (1975-1983): huelgas, manifestaciones, cortes de carreteras, encierros, piquetes, enfrentamientos con la policía y detenidos; 3, la evolución de la semifeudalidad: el talismán de la cooperativa y el talismán de la propiedad (1984-1994); y 4, la decadencia y control caciquil de las cooperativas (art. cit., pág. 324).

de cultivo atendida así como el aumento de las contrataciones hasta garantizar un trabajador por cada seis celemines de terreno[88], porque es que era en verdad la preciosísima vida de la familia entera –y había que defenderla– la que se empleaba para sacar adelante aquellas cosechas.

Intensas y extenuantes jornadas que forzaban a las familias a almorzar en los propios cultivos para no perder tiempo, sentados en el mismo suelo y a menudo, sobre otra caja de tomates como mesa, sirviendo los olorosos potajes que acababan atrayendo también a los animales merodeadores, a los que había luego que andar ahuyentando para que les dejasen comer tranquilos. Si aún viviera podrían preguntarle a mi propia abuela, Mamá Nina, que una vez *sin querer* mató a un gato de un toque en la frente con un cucharón, la pobre, tratando de que no metiera el *josico*[89] en el plato del tocino. *¡Saaaaaaape!*, le advirtió resignadamente la primera vez, según el cuento familiar, amenazando con el cucharón alzado, lo primero que tenía a mano, hasta que el gato pareció hacerle caso, pero… *¡Saaaaaaaaaaape!*, le hubo de repetir una segunda vez cuando el felino insistió mientras ella apurada servía la comida a su familia antes de que se le enfriara. Hasta que... *¡¡SAPE!!*, al fin cumplió su amenaza la estresada mujer, golpeando disuasoriamente la cabeza del obstinado animal con el mismo cucharón, cuando por tercera y última vez quiso comer del plato, pero con tanta puntería de la abuela y tan mala fortuna para el infeliz hambriento que cayó redondo al suelo muerto en el acto.

Décadas más tarde, mi padre, que era un chiquillo menudo entonces, recordaría siempre aquella anécdota familiar desternillado de la risa ante nuestra total estupefacción: *¿Que los gatos tienen siete vidas, dicen?, ¡pues aquel se quedó en el sitio a la primera!.*

[88] Villalba Moreno, 1976, *Estudio del cultivo del tomate en Tenerife y Gran Canaria*, página 129.
[89] Hocico en el habla canaria.

Una canción del tirajanero Luciano Lorenzo León, con música de corrido mexicano al gusto de la moda en la época de postguerra, retrataba como pocas cómo era la división social de tareas en la vuelta al trabajo en aquellas zafras del tomate tras el parón estival y especialmente la profunda estratificación social entre cultivadores y amos y encargados, mientras *en el canto de abajo*, entre los propios trabajadores campesinos, se destacaba el ambiente de vecindad y camaradería y especialmente la solidaridad y ayuda mutua que en muchas ocasiones prosperaba entre las familias aparceras, algo que indefectiblemente siempre añoran cuando rememoran un pasado no tan lejano en el tiempo:

Cuando llega el mes de julio en las tierras
todo el mundo preparado con los sachos,
a plantar los tomateros con palillas,
y en la choza está el guano preparado.

El mayordomo el que lleva las semillas[90]
tapaditas con un saco bien mojado
cuatro, cinco o seis mujeres van echando
y los hombres con palilla están plantando[91].

90 Como se recogía en el libro "La casa del inglés", la semilla era de vital importancia y cada cosechero trataba de producir su propia variedad exclusiva escogiendo los mejores frutos y realizando las tareas de exprimir, fermentar y secarlos para luego sembrar los semilleros y obtener las plántulas. Anteriormente a la posguerra de la Segunda Guerra Mundial se habían cultivado con éxito variedades inglesas y americanas como la *Roja* (en Inglaterra Alisa Craig), la *Blanca* (Evesham Wonder), la *Príncipe de Gales* (Prince of Wales), *Manzana Negra o Manzana de Palo* (Kodine Red) y el *Cruce de Blanca y Palo*, que se mantuvieron con posterioridad (Rebollo López, pág. 126).

91 Según las informaciones, los semilleros empezaban a prepararse a finales de julio y se continuaba con la siembra hasta enero en una plantación escalonada que proporcionaba tomate temprano y de temporada, comenzando ya a recogerse el fruto a los tres meses del trasplante de las primeras semillas (*Entre surcos y seretas. Un pueblo hecho a empujones de zafra* Asociación Homenaje a los Trabajadores/as del Cultivo y Empaquetado del Tomate de Carrizal, 2006).

Un señor muy elegante pronto llega
con el corredor que manda en las tierras,
se reúne el mayordomo y el listero
y el ranchero avisa pronto con el agua.

Me pongo botas y camino por la acequia,
voy por la madre derechito a los canteros,
cojo tornas, que se llenen bien los surcos,
más atrás vienen los hombres horconando.

En las puntas de los surcos planto millos,
en las orillas junto al soco calabazas,
alguna papa y habichuelas también planto,
cosecho coles que se dan por las orillas.

Un trago ron que se echa el albacero[92]
con sus vecinos que le ayudan en la plantada[93]*,*
las mujeres un pizco anís se van tomando,
y en el morral el desayuno preparado[94]*.*

---

[92] Como se llama también en el sur grancanario al aparcero.

[93] De forma pareja, en el sur tinerfeño, como acredita el trabajo ya mencionado de Fernando Sabaté Bel, entre los peones de las fincas funcionaban mecanismos de ayuda mutua "pa' ir escapando": *La común procedencia de muchos trabajadores de una misma área, o aún del mismo pueblo, e incluso la existencia de lazos familiares, favorecerían la aparición de mecanismos de solidaridad reforzados –a pesar de todas las dificultades inherentes a las condiciones de hacinamiento, etc.–, tras muchas zafras ganando el jornal sobre la misma tierra (Burgados, tomates, turistas y espacios protegidos*, 1993, pág. 236-7).

[94] Canción de Luciano Lorenzo León. Fuente: Youtube: *Los tomateros, historias y vivencias II: las personas.*

Cuando las tareas a realizar exigían mucha intensidad en el ritmo del trabajo, efectivamente, las familias recurrían a asociarse y colaborar entre sí para ahorrar esfuerzos. Como explicara al respecto en los años 90 otro aparcero grancanario recordando su edad activa:

> *En las plantás siempre nos reuníamos 8 ó 10 juntos, porque yo iba a ayudarte a ti y yo, si un día el agua le tocaba a uno, allí íbamos para clavar palos y todo a la vez (...) siempre nos reuníamos unos cuantos para que no se nos secara la tierra, para poder clavar los palos sin secarnos la tierra, y a la plantá lo mismo (...) y después, cuando ya plantábamos, cada uno a lo suyo*[95].

Personalmente tuve la oportunidad también de participar en alguna de aquellas plantadas en los años 90 del pasado siglo, durante las vacaciones estudiantiles, colaborando gratuitamente con mi familia política que todavía en aquel entonces se dedicaba a la aparcería. Recuerdo especialmente la primera experiencia en los rocosos terrenos a la intemperie cerca de la costa de Tufia, en el municipio de Telde en el este grancanario, con las típicas y rudimentarias palillas de cabo corto de madera que, indefectiblemente tras un par de horas de impactos directos con las numerosas piedras volcánicas de aquellos campos, dejaban grandes bolsas en las manos menos curtidas como las mías, que al rato se acababan rompiendo y sangrando. De poco servía cambiar de mano y dejar descansar la más diestra para emplear entonces en el manejo a la torpe, que acababa igualmente dañada e incluso en menos tiempo. Las espaldas, a la altura de los riñones, también se resentían de mala manera por la postura totalmente encorvada durante casi toda la jornada a la que forzaba particularmente aquella tarea a ras del suelo, igual que los ojos que se irritaban por el constante polvo y la

[95] Henríquez Rodríguez, R. M. (2004), *El sistema de género en la población aparcera del sur de Gran Canaria*, Universidad Complutense, Madrid, páginas 182-3.

tierrilla volando alrededor, con tanta brisa cerca del mar y sin refugio alguno de soco ni invernadero que valiese.

Juntadas familiares, en todo caso, que se realizaban siempre voluntariamente para aliviar el peso de las tareas más duras a los verdaderos contratados que no *daban avío*[96] a terminar en fecha el encargo recibido a causa del calor y las duras condiciones de trabajo en el exterior con herramientas tan precarias. Largas y duras jornadas apenas interrumpidas un rato a mediodía para comernos algún bocadillo, a menudo de sardinas, cebollas y tomate, humilde y sabroso lujo donde los haya en tales circunstancias, y que invariablemente terminaban siempre, acabadas las plantadas y antes de despedirnos, tomando todos juntos algún *pizco* con algún *enyesque*[97] en cualquier bar de regreso a las casas.

Igualmente recuerdo trabajar gratuitamente aquellos años durante muchísimas jornadas recogiendo tomates también en el invierno, especialmente en las navidades, en plena temporada alta de la zafra tomatera, cuando incluso los encargados forzaban la maduración con productos en el riego para aprovechar la demanda del mercado y el alza de los precios, amontonándose los frutos ya óptimos sobre las latadas. Nuestro objetivo era adelantar en lo posible el trabajo familiar de modo que pudiesen disfrutar también de los días festivos, lo cual habría resultado imposible de no recibir ayuda extra. Y era así como indefectiblemente en aquella época pasábamos muchas veces los días 24 y 31 de diciembre, o el 5 de enero, literalmente sudando toda la familia cosechando hasta la última hora de luz natural, para que las dos personas contratadas pudiesen descansar en Navidad, el día primero del año o el de Reyes. Y lo mismo por las Pascuas y los días libres de Semana Santa.

[96] Según el *Diccionario Básico de Canarismos*, dar o ser bastante, bastar, proveer suficientemente. Se usa más en forma negativa. "Era tanta la gente que quería comprar, que los empleados no daban avío a despachar".

[97] Pequeña porción de un alimento que se sirve como acompañamiento de bebidas, según se recoge en el *Diccionario Básico de Canarismos*.

GC-3237

Cuántas jornadas de trabajo gratuitas para tantos empresarios, en fines de semanas e incluso en horas extras en que supuestamente más cara debería salirles la mano de obra, por solidaridad y amor a la familia. Para unos pocos un negocio redondo sin duda[98], para otras y otros muchos, sin embargo, un verdadero sacrificio. El que parte y reparte...

[98] Como subrayaba Rosa Henríquez, *la recogida del tomate se debe hacer prácticamente a diario, porque si no se maduraría demasiado el fruto y no sería posible, entonces, su exportación. Esto impide fijar jornadas de descanso o periodos vacacionales para que los contratados puedan volver a sus hogares y satisfacer sus necesidades de reproducción, el fin del trabajo lo determina el periodo de la zafra. Mediante una forma contractual que aunque no conste a nivel formal, implica a toda la familia se apoya una emigración familiar, garantizando de esta forma la reproducción física del trabajador. Reproducción física que se consigue mediante el trabajo que desarrollan las mujeres primero en las chozas y a partir de los años 60 en las cuarterías* (artículo citado, páginas 63-64).

"SUS LABORES"...

Más o menos por aquellas mismas fechas en que mi abuela y su familia, como tantas aparceras, llevaban los desayunos preparados en sus *morrales* y comían en los cultivos sobre cajas de tomates su sempiterno potaje viviendo sus cotidianas anécdotas, el poeta grancanario Pedro Lezcano escribía su poema dramatizado "La ruleta del Sur" y retrataba después en versos a aquellas humildes y sufridas mujeres campesinas con sencillas palabras que todas entendieran, como en su poema "Aparcera", que tantos recuerdos y tantas imágenes nos evocara:

Aparcera sin tierra,
aparcera cansada,
has vivido partiendo
lo que el campo te daba.

La mitad para el amo,
la mitad —si quedaba—
para tu media vida,
manadero de lágrimas.

Cuarterías estrechas
de una sola ventana
cobijaron tu aliento,
aparcera sin casa.

Y a la luz de un carburo
fuiste amante y amada,
y tuviste dos hijos
en tus dos fanegadas.

Aparcera bendita,
propietaria de nada,
con tus dos manos verdes,
entintadas en savia[99]*,*
realizaste el milagro
del verdor de Canarias.

Campesina sin campo,
regadora sin agua,
labradora sin yunta,
cosechera del alba.

Te recordaré siempre,
aparcera cansada,
aparcera a la parte,
aparcera del alma.

[99] Como se explicaba en detalle en el citado libro sobre las trabajadoras aparceras de Arona, y puede comprobarse en multitud de fotografías conservadas de la época, el atuendo de las mujeres en los campos de tomates de Canarias era muy característico: faldones largos hasta los tobillos, camisas de manga baja, pañuelo y sombrera en la cabeza, y guantes hechos de medias viejas para las manos. Con muchas variantes pero el mismo objetivo de *ir forradas de arriba a abajo* para protegerse de las duras condiciones del trabajo a la intemperie y del roce de las plantas. *Nos vestíamos igual de lunes a sábado*, contaba una de las entrevistadas (Chinea Oliva, 2016, pág. 59).

La mitad de la vida
que vivir te tocaba
se la diste a la tierra
en que ahora descansas.

Pereció de tu vida
la mitad más esclava;
¡pero la mitad libre
viva está en cada zafra![100]

Fueron ellas verdaderamente, y sobre todo las madres de familia con más hijas-os, como auténticas y cotidianas heroínas anónimas, las que cargaron con la parte más pesada del esfuerzo sobre sus espaldas en dobles y hasta triples jornadas de trabajo productivo y de trabajo doméstico en condiciones muy precarias[101]. Como nos contaba doña Benita Peñate, natural de Ayagaures, en el sur grancanario, hablando de su vida aparcera trabajando desde los 13 años:

Vivíamos mis padres y dos hermanos en una caseta de madera con una cortina en medio. ¡Dos personas mayores con dos personas más en una caseta!

---

[100] Pedro Lezcano, *La ruleta del Sur.* Cabildo de Gran Canaria, 2016 (1956), pág. 69-70.

[101] Como confirmaba también en su trabajo Henríquez Rodríguez, a las jornadas del trabajo agrícola había *que añadirles el tiempo dedicado por las mujeres a las actividades domésticas, las cuales recaen exclusivamente en ellas: limpieza del hogar; preparación de comida; limpieza, reparación y compra de ropa; atención y cuidado de los niños y enfermos... La realización de estos trabajos se agravaba por las condiciones de las viviendas cedidas por la empresa que no reunían condiciones mínimas de habitabilidad ya que carecían de luz o agua potable. Además, las cuarterías se situaban lejos de los núcleos de población de la zona, lo que condenaba a sus habitantes a un aislamiento de sus pueblos de origen y a desplazarse para realizar compras, acudir al médico o a los servicios religiosos...* (Henríquez Rodríguez, Rosa M. "La participación de las mujeres en el cultivo del tomate en régimen de aparcería en el sur y sureste de Gran Canaria" en *El Pajar. Cuaderno de Etnografía Canaria*, nº 13, pág. 65, La Orotava, 2002).

¿Cocina? Un cuarto hecho de cañas, unas piedras y un fogón con leña. ¿Las necesidades? Eso nada. Por allí fuera, donde pudieras (...) Me casé a los 19 y a los 20 ya tenía a mi primera hija. Me fui a vivir a Lomo Magullo y, cuando comenzó la zafra, nos fuimos a la cuartería en Maspalomas, cerca de donde ahora es el Mercadillo (...).

Nosotros nos recorrimos cuatro o cinco lugares de trabajo. Me levantaba a las 7 de la mañana y me acostaba a las 12 de la noche. Cuando llegaba de los tomateros, allí me esperaba la tonga de loza para fregar. Me echaba un pizco de coñac para coger un poco de fuerza. Ponía la comida al fuego para el día siguiente y al ratito a la loza. Ya cuando las niñas fueron creciendo ya me echaban una manita para fregar. Cuando eran chicos no porque les mandaban muchos estudios en la escuela y tenían que estudiar con una vela. Que hasta ellas decían que cómo veían ellas con una vela. ¡Y estudiaron! (...)

Me levantaba a las 7 y llegaba tarde a los tomateros porque tenía que esperar a que los niños se fueran a la escuela (cuando se consiguió con la lucha que pusieran guagua): mi cesta en la cabeza con el desayuno y mi niña pequeña en el brazo. Poner a la niña en la choza, en una 'cuna' hecha con dos cajas de tomates que poníamos en alto. Luego a trabajar y a dar viajes a la choza para vigilar a la niña. ¡No había otra! ¡Y todo el mundo era así![102].

En el sur tinerfeño, y según confirman todos los testimonios orales, aunque tradicionalmente en el cultivo del tomate se suponía una división sexual del trabajo donde a los hombres les correspondían las labores de azada –sachar,

---

[102] Testimonio recogido en *Mujeres empaquetadoras de tomates. Una historia llena de vida, de lucha y de esperanza.* Domingo Viera Gonzalez (coord.), 2018, Mercurio editorial, páginas 134-5.

virar tornas y raspar– así como la preparación del entutorado, y a las mujeres el trabajo en las tomateras –atar, deshijar, despuntar y coger– más todo el proceso del empaquetado[103], era muy frecuente no obstante que las mujeres, más económicas y rentables como fuerza de trabajo y mano de obra barata[104], acabasen realizando también tareas de hombres.

> *Hacíamos todo tipo de trabajos, igual que un hombre* –confirmaba doña Pura Chinea, también del pueblo de Arona–, *sembraba, sachaba, ponía estacones, azufraba, amarraba, cogía los tomates y por la noche al salón, a empaquetar toda la noche. Si podíamos dormir algunas horas y después otra vez a los campos a coger*[105].

> *Y lo que digo yo a veces, y allá arriba, que aquel es el campo más verdugo que tiene el sur* –exponía por su parte otra ex trabajadora del mismo pueblo, doña María Guadalupe Ramos Negrín, en una entrevista en enero de 1990–. *Pues éramos una cuadrilla de 16 mujeres y teníamos que sacar 16 camiones de piedras. Llegábamos a un morro, nos poníamos allí,*

---

[103] Sabaté Bel, *Burgados, tomates, turistas y espacios protegidos. Usos tradicionales y transformaciones de un espacio litoral del sur de Tenerife: Guaza y Rasca (Arona).* 1993. Caja Insular de Ahorros de Canarias, Santa Cruz de Tenerife.

[104] Según han estipulado algunos estudios (M. M. Chinea Oliva, 2005, obra citada; V. O. Martín Martín, *Agua y agricultura en Canarias: el sur de Tenerife*, Santa Cruz, 1991) el salario de una mujer, después de una disparidad de 3 a 1 a inicios del siglo XX, hacia los años 30 era la mitad que el de un hombre, y el de una niña la cuarta parte (una peseta al día), constituyendo así las mujeres la mayoría de la mano de obra contratada, en torno al 75% en 1955. El testimonio de una de aquellas trabajadoras en los almacenes de empaquetado de Arona era rotundo al respecto: *Todas éramos mujeres, solo el encargado y el que clavaba las cajas eran hombres. No había hombres, en el salón estábamos las mujeres* y habrá que esperar a los años sesenta para que los salarios se incrementen de forma más notable (Chinea Oliva, 2005, pág. 30).

[105] María Mercedes Chinea Oliva (2005), *Jornaleras del Tomate en Arona, Tenerife*, pág. 41-2.

llegábamos como locas, como qué se yo, ¡la única vez que yo me ha visto flaca![106].

En su tesis doctoral[107], la socióloga grancanaria Rosa María Henríquez, con familia también empleada en el sector, profundizó como nadie en el análisis de las relaciones de género en la aparcería del tomate en su isla natal, poniendo de relieve cómo el trabajo asalariado en dicho sector estaba reservado, por las dificultades de conciliación familiar dados los horarios y la gran demanda sobre las y los empleados, a los trabajadores varones y a las mujeres solteras, con menores obligaciones domésticas. Quedando, por tanto, las mujeres casadas relegadas a los modelos contractuales de la aparcería: *Existe una clara división genérica del trabajo que expulsa del trabajo a las mujeres casadas. Las aparceras, casadas y con hijos, deberán compaginar "sus obligaciones" domésticas con el cuidado de la tierra. Esto es posible tanto por la autorregulación del horario destinado a las distintas actividades como por la oportunidad de compaginar en el espacio de cultivo el cuidado y atención de los menores a quienes lleva consigo. Se hacen así cargo de las tierras en aparcería y quienes colaboran son el resto de los miembros de la unidad doméstica cuando terminan sus jornadas asalariadas o escolar*[108].

Para Rosa Henríquez, por otra parte, era obvia también la conveniencia empresarial de la aparcería frente a otras formas de contrato laboral que no permitían garantizar del mismo modo el incremento de beneficios en términos de plusvalía absoluta y ello a causa de varias razones: *En primer lugar, el agricultor va a utilizar toda la fuerza de trabajo de*

---

106 Sabaté Bel, *Burgados, tomates, turistas y espacios protegidos. Usos tradicionales y transformaciones de un espacio litoral del sur de Tenerife: Guaza y Rasca (Arona).* 1993. Caja Insular de Ahorros de Canarias, Santa Cruz de Tenerife, pág. 262.

107 *El sistema de género en la población aparcera del sur de Gran Canaria.* Rosa María Henríquez Rodríguez, Universidad Complutense de Madrid, 2004.

108 Henríquez Rodríguez, R. M. "La participación de las mujeres en el cultivo del tomate en régimen de aparcería en el sur y sureste de Gran Canaria" en *El Pajar. Cuaderno de etnografía canaria*, nº 13, La Orotava, 2002, pág. 63.

la que dispone la unidad familiar (percibiendo, sin embargo, los anticipos de forma individualizada solamente el firmante del contrato); en segundo lugar, el ritmo del trabajo vendrá marcado por las necesidades del cultivo, no por un horario previamente establecido por la empresa. Además el empresario mediante esta forma contractual logrará compartir la incertidumbre del mercado (bajadas de precio del producto), o los riesgos de la cosecha (plagas, inclemencias temporales...); y ahorrará costes de supervisión. A lo anterior debemos añadir, en el caso que nos ocupa, el hecho de que las tierras del sureste y del sur de Gran Canaria estaban prácticamente despobladas. La contratación de mano de obra individualizada no habría permitido la reproducción física de la mano de obra contratada[109].

Doña Leocadia, más conocida como Cayita en La Aldea de San Nicolás de Tolentino donde nació en 1935, y que trabajó en los tomateros toda su vida, nos confirmaba la eficacia de dicho modelo de organización con su testimonio. Recordando su jornada laboral nos contaba por ejemplo cómo en aquella época de su edad activa:

> *Las mujeres era levantarnos a las cinco de la mañana para hacer de comer, habilitar a los niños, para mandarlos al colegio, pa' después ir a los tomateros a estar hasta casi de noche, ¡con la luna azufrando! Y después para lavar, ir a las acequias o a los molinos porque no había agua, y a buscar agua porque no había agua en las casas, así que, ay, mi niño, si voy a contar no termino, es una pena, fue triste, se pasaron calamidades, se pasaron muchas calamidades*[110].

---

[109] Henríquez Rodríguez, R. M. "La participación de las mujeres en el cultivo del tomate en régimen de aparcería en el sur y sureste de Gran Canaria" en *El Pajar. Cuaderno de etnografía canaria*, nº 13, La Orotava, 2002, pág. 63.

[110] Transcripción parcial del testimonio de doña Leocadia en la entrevista con motivo del 130 aniversario del cultivo. Fuente: Youtube: *Tenerife conmemora el 130 aniversario del cultivo de tomate de exportación en Canarias*, Cabildo de Tenerife, 2016.

Las mujeres antes éramos todo –corroboraba en la misma tertulia Mamina, otra paisana de La Aldea– *trabajábamos en las fincas, amarrábamos tomateros, trabajábamos en el almacén, criábamos a los hijos, hacíamos todo en la casa, porque el hombre trabajaba pero ya después en la casa el hombre, en mi casa no hacía nada, tú sabes, porque antes los hombres no trabajaban en la casa, mira, te voy a decir una anécdota que le pasó a mis hermanos mismo, mi madre en paz descanse, nosotros trabajábamos y nos decía "vayan a barrer pa'l patio". Y, como fueran mis hermanos a coger la escoba, ¿tú sabes la palabra que le decían? "¡No! Los niños no barren que se les cae la cholilla", y no les dejaban hacer nada, que mucha culpa la tenían también las madres*[111].

Yo llegaba a mi casa a las tres de la mañana –agregaba su testimonio doña Yolanda Castellano, también de La Aldea de San Nicolás– *y a las cinco me tenía que levantar: cuatro niños que tenían que estar preparados para ir al colegio, porque el transporte que los recogía pasaba y, si no estabas allí, seguía y los dejaba atrás. Era la comida, la tienda, la casa, lavar, planchar... Es que yo hoy lo pienso y me digo que cómo rebasamos nosotras aquello*[112].

Como botón de muestra de la injusticia y el ninguneo socioeconómico padecido por este sacrificado colectivo a pesar de todo su sobreesfuerzo sirva la triste sorpresa con que se encontraron al final de sus vidas laborales la mayor

[111] Transcripción parcial del testimonio de Dominga Suárez Espino, más conocida como Mamina en La Aldea, nacida en 1931 y que empezó a trabajar en los almacenes desde los diez años, en la entrevista con motivo del 130 aniversario del cultivo en su pueblo. Fuente: Youtube: *Tenerife conmemora el 130 aniversario del cultivo de tomate de exportación en Canarias*, Cabildo de Tenerife, 2016.

[112] Testimonio recogido en *Mujeres empaquetadoras de tomates. Una historia llena de vida, de lucha y de esperanza.* Domingo Viera Gonzalez (coord.), 2018, Mercurio editorial, página 126.

parte de las mujeres mayores de sesenta años que trabajaron en el sector tomatero: *después de treinta, cuarenta o cincuenta zafras trabajadas (...) no han podido tener una pensión digna (y muchas ni siquiera una no contributiva) debido a que las empresas no habían cotizado nada (o lo suficiente) por ellas y su trabajo en la Seguridad Social*[113].

Y lejos de ser la excepción tal pareció ser la regla puesto que en el sur tinerfeño tampoco fueron muy distintas las cosas: *Frecuentemente no se cotizaba la Seguridad Social de los peones aunque el descuento mensual sobre los salarios sí se hiciera efectivo. Esta práctica la desarrollaron explotaciones con estructura aparentemente más empresarial. Ello ha dado lugar, con el paso de los años, a la generación de un colectivo de trabajadores –y sobre todo de trabajadoras– jubilados, completamente desprotegidos si exceptuamos algún subsidio de pobreza o similar*[114].

Nos tenían trabajando engañadas[115], explicaba por su lado Josefa mientras Carmen, de Vecindario, con más detalles, añadía:

> *Todas creíamos que nos estaban cotizando, pero éramos tan pobres de todo que ni siquiera íbamos (como vamos hoy allí) a eso de la Seguridad Social a preguntar: "¡oiga! ¿cuánto se me cotiza a mí?". Nada. Aquí mismo hay vecinas en mi calle, de mi edad, y cuando fuimos a preguntar rezaba como que nada. Lo más que hacían era que tuviéramos médico y una mínima más. Al final, de pensión nada. Yo no cobré ninguna y casi ninguna de las compañeras. Ellas estaban con toda su ilusión de que íbamos a cobrar, pero nada. Yo*

113 *Mujeres empaquetadoras de tomates. Una historia llena de vida, de lucha y de esperanza*, 2018, pág. 55-7.

114 Sabaté Bell, F., *Burgados, tomates, turistas y espacios protegidos. Usos tradicionales y transformaciones de un espacio litoral del sur de Tenerife: Guaza y Rasca (Arona).* 1993. Caja Insular de Ahorros de Canarias, Santa Cruz de Tenerife, pág. 216.

115 Viera, D. (coord.), *Mujeres empaquetadoras de tomates. Una historia llena de vida, de lucha y de esperanza*, 2018, pág. 57.

tenía una ilusión: ¡ahora cuando tenga la edad me paso por allí que voy a cobrar! Pues no[116].

Según recogía en su trabajo sobre las aparceras grancanarias Rosa Henríquez Rodríguez, será a partir de los años 80 del pasado siglo cuando la situación comience lentamente a mejorar para dicho colectivo y el trabajo de las mujeres de las familias aparceras a visibilizarse oficialmente, al tener que figurar en los contratos tanto el titular como quienes van a colaborar en el cultivo[117]. Y será a partir del convenio para la zafra 1991/1992 que finalmente desaparezca la figura de colaborador y se unifique a todas las personas contratadas en calidad de titulares, si bien con distintas cantidades de tierras al dejar de existir un mínimo por contrato, cuando verdaderamente se visibilice estadísticamente la participación de las mujeres en el cultivo tomatero: alrededor del 75% de la mano de obra agrícola contratada aquel año.

Dicha visibilización contractual, por otra parte, sin cambios importantes en las relaciones de género hegemónicas a nivel social y de la cultura patriarcal heredada, no acaba de suponer necesariamente un mayor reconocimiento de la labor desarrollada por las mujeres sino, antes bien, incluso hasta en ocasiones todo lo contrario: la desvalorización del propio trabajo. Como constatara con claridad en su estudio sociológico Rosa Henríquez:

De la conceptualización en los discursos de los propios aparceros, de la prensa, así como de los sindicatos, del trabajo de la aparcería como un trabajo

---

[116] Obra citada, pág. 57.

[117] Dicho reconocimiento, no obstante, será aún muy limitado puesto que a pesar de tener incidencia el hecho en la cantidad de tierras a que se tenía derecho por contrato (seis celemines por persona que figurara en el mismo, ya fuese contratado-as o colaborador-a) así como a derechos en caso de enfermedad o jubilación de la persona titular, seguía sin afectarse sin embargo a la cotización a la Seguridad Social por parte del empresariado para el resto del personal o a los anticipos que se pagaban únicamente al titular, quedando siempre excluidas las personas colaboradoras (Henríquez Rodríguez, obra citada).

'esclavo', pasa a definirse como un trabajo 'liviano', cuyos ingresos suponen una 'ayuda' a los familiares. Incluso para mujeres que se han dedicado toda la vida a esta actividad es un 'entretenimiento', preferible a la rutina del trabajo doméstico, o a otro tipo de trabajos que por sus características no les permitan compaginarlos con el mismo"[118].

Solo más recientemente han empezado a realizarse en Canarias tímidos homenajes y reconocimientos a la ingente labor realizada por las mujeres trabajadoras del sector tomatero, uno de los cuales, de especial valor simbólico, fue la distinción por parte del Cabildo de Gran Canaria, el viernes 16 de marzo de 2018 en el auditorio Alfredo Kraus, con el premio Roque Nublo en Materia Económica, a la Asociación de Mujeres Trabajadoras del Tomate del Sureste. Su presidenta Gloria Herrera Yánez, aclaraba en una entrevista posterior que *era un reconocimiento a las mujeres del sector, no a la asociación,* en su opinión: *un merecido premio porque hasta ahora nuestra labor ha sido silenciada y poco visibilizada, y hasta nosotras mismas nos considerábamos como si no existiéramos, cuando nuestro trabajo ha sido muy importante en la economía del sur y del norte de la isla*[119].

[118] "La participación de las mujeres en el cultivo del tomate en régimen de aparcería en el sur y sureste de Gran Canarias" en *El Pajar. Cuaderno de etnografía canaria*, nº 13, pág. 63, La Orotava, 2002.

[119] Su testimonio completo, de sumo interés, en Youtube, vídeo de Tele Agüimes: *De actualidad. Mujeres empaquetadoras de tomates*, 21/03/18.

¿Cómo se puede silenciar de manera tan burda el trabajo de miles de mujeres –se cuestionaba retóricamente Domingo Viera, por su parte, el coordinador y autor del mencionado estudio sobre las empaquetadoras grancanarias en otra entrevista radiofónica– *cuando las toneladas de tomates que exportaba Canarias pasaban por sus manos?*[120].

Invisibilizaciones y silenciamientos, auto negaciones confesas *como si no existiéramos*, expresiones de referencia en definitiva que tanto evocan a una especie de muerte en vida, a una final derrota, y es obvio que nada es casual pero, de pronto, como para salvarnos de la oscuridad con lo más sensible, desde la memoria de nuevo llega la metáfora perfecta en los versos[121] del grandísimo poeta García Cabrera, que bien podrían servirnos a modo de entrañable epitafio y homenaje póstumo aplicable a todas aquellas ajetreadas mujeres que jamás pararon de trabajar ni un solo día de su vida:

Las mariposas no mueren. Se deslíen en el aire.

[120] Fragmento de la entrevista concedida a Radio Sintonía a raíz de la presentación de su estudio el 18/11/2022: "Las mujeres del tomate en Canarias: una historia silenciada", Radiosintonia.com.

[121] Pedro García Cabrera. Poema "Erre con erre de la transparencia" del libro *Ídem de Ídem* en Biblioteca del Centenario, vol. 6, Santa Cruz de Tenerife, Idea, 2005, pág. 60.

Las casitas "feas" DEL BARRIO BAJO

Las gallinitas y las cabras[122], por su lado, ayudaron tanto a aquellas maltrechas y sangradas economías que hasta parte de las familias eran. Con sus huevos y leche no solo se autoabastecían sino que además, llegadas las fechas señaladas, con sus quesos y la jugosa carne de las recentales crías bien se agradecían los favores recibidos a lo largo del año. O incluso los favores venideros y aún por pedirse, como los necesarios pastos para mantener vivo el ganado doméstico, como ya quedó dicho, aprovechando los rastrojos de los propios cultivos cuando las zafras acababan. O nuevos anticipos económicos en casos de apuros y puntuales necesidades. O *más celemines de tierra que trabajar*, si seguían creciendo las prolíficas familias al ritmo que lo hacían, como dios quería y el mismo Franco premiaba.

Cuando, con el tiempo, mejoraron algo las condiciones económicas y, quienes pudieron ahorrar, se compraron un solar donde autoconstruirse una modesta casa para dejar atrás las precarias cuarterías de cañas y barro, muchas de las familias se llevaron los animales consigo para cuidarlos en las propias azoteas de las nuevas viviendas, o en improvisados

[122] De hecho tan emblemáticas llegaron a ser las cabras en la supervivencia de las clases más pobres que incluso llegó a prohibirse durante la dictadura la filmación de sus ganados en España por ser muestra de la miseria existente. Según el testimonio del cineasta Ramón Saldías que vio censurado su documental "Aparceros" también por tal motivo: *Yo rodaba documentales turísticos para una empresa de Las Palmas y tenían prohibido que sacaran unas cabras, en los documentales, en España no se podía sacar una cabra porque era un signo de pobreza. Entonces no querían que el turismo de fuera viera cabras, las cabras estaban prohibidas en el cine español* (testimonio recogido en la presentación de "Aparceros" en Santa Cruz el 19 de octubre de 2023).

corrales a su costado sobre solares aún no construidos, para que así nadie se los apropiara aprovechando la ausencia de vigilancia aunque ello supusiera la sobrecarga de tener que andar diariamente desde más lejos portando la necesaria comida para alimentarlos.

Como tan detalladamente describiera en sus mentadas memorias Eduardo González, pues tales fueron *los trabajitos* y las necesidades vividas que si no se explicaran con precisión acaso no se creyeran:

Las grandes 'manadas' de hierba fresca, el deshijado de los tomateros y el pasto proporcionado por el millo aparecieron trabajosamente sobre los hombros de los improvisados arrieros, deslomándose sus huesos en un continuo desgaste de cervicales dobladas por el peso de las cargas a cuestas.

Mujeres con baldes de tomates equilibrados maravillosamente sobre sus cabezas terminaban con los esternocleidomastoideos herniados sin ton ni son para dar de comer a los animales de los que ellos comían.

Era ahora cuando el garrote[123] *irremediablemente abrazaba las manadas de hierba más grandes y más anchas por aquello de no dar dos viajes, y las cualidades de una madera elástica y al mismo tiempo recia habrían de demostrar su condición de utilidad (...)*

Apareció la carrucha, carretilla sencilla comprada a plazos en la ferretera tienda, pero tan pronto como apareció perdió su caparazón metálico de tortuga panza arriba porque al ingenioso padre se le ocurrió la idea de quitársela para añadirle un armazón de palos cruzados y sujetados con gruesas verguillas. Quiso creer que de esta manera aumentaba enormemente su capacidad de carga[124] *(...)*

---

[123] Palo grueso y fuerte que puede manejarse a modo de bastón, pero también como arma y escudo, y que fue muy usado ya desde el pastoreo prehispánico en Canarias para defender el ganado, dando lugar a prácticas hoy deportivas como la lucha del garrote.

[124] Eduardo González, obra citada, pág. 42- 46.

Rememorando con nostalgia aquellas sencillas viviendas de autoconstrucción[125], hechas *al golpito*[126] y a veces sin licencia sobre terrenos rústicos en solares también pagados con infinidad de sacrificios, generando con el tiempo nuevos barrios y pueblos enteros como el del mentado Vecindario del sureste grancanario, la poeta local Benita López escribía:

No son viviendas con jardín,
antes del asfalto no tienen tierra;
pero tienen al cielo sobre el techo,
el aroma a mesa humilde impregna la calle:
plantan flores y hortalizas en la azotea.
Pasos del sureste las habitan
desde la memoria de familias aparceras.

La casa se terminaba de trenzar tarde.
Cuando comenzaba a lucir los muebles,
las alas infantiles ya eran grandes
y volaban a construir sus propios nidos.

---

125 Según recoge un denso estudio geográfico sobre la comarca, durante la primera mitad del XX, se trataba de edificios de planta baja, con estructura de paredes de carga hechas de mampostería o cal, con el techo plano y con una escalera de acceso a la azotea por lo general en el patio trasero y adosada en el exterior de la obra, con una distribución interior típica en torno a un pasillo, por lo general central, del cual se accedía a los dormitorios que invariablemente daban a la fachada, y al comedor adosado a la cocina que se ubican junto a un patio interior, en la parte trasera de la vivienda. *El salón o estar, de haberlo, consiste, simplemente, en un ensanchamiento del pasillo. No existe espacio dedicado a garaje o comercio si bien, posteriormente, alguno de los dormitorios delanteros puede haberse reconvertido a tal fin.* Después de los años sesenta, tras el empleo en la construcción y la experiencia con los nuevos materiales, las edificaciones mimetizaron las construcciones turísticas: *las paredes de carga son sustituidas por pilares de hormigón armado; la cal por el cemento; la piedra por el bloque de hormigón; y el forjado-losa por el de vigueta y bovedillas. Únicamente en los revestidos interiores, el yeso no logrará sustituir el encalado (enfoscado de arena y cemento)* (A.V. González Rodríguez, 1998, *El Sureste de Gran Canaria*, Ayuntamiento de Santa Lucía, páginas 772-3).

126 Poco a poco, en el habla popular canaria.

Y eso era una pena.
El padre y la madre como dos pájaros
viendo a las crías saltar del nido,
recién trenzadas las varillas del hogar[127].

Efectivamente, y aún puede constatarse, las casas tardaban en concluirse y a veces solo interiormente quedando eternamente inacabadas por fuera. Entre otras cuestiones, y a parte de la escasez de medios y el lento casi milagroso ahorro de las familias, ello resultaba a causa de la necesidad de abundancia de mano de obra para la realización de los trabajos de hormigonado, requiriéndose la colaboración de varias personas voluntarias a falta de medios, de modo que si no se contaba con ellas en el seno de las familias había que recurrirse a la realización de sucesivas *juntas* de amigos y vecinos que acudían y echaban una mano en reciprocidad por otros o similares favores aprovechando los momentos libres de los fines de semana o los días festivos, mecanismos de solidaridad y ayuda mutua donde los haya –ese *hoy por ti y mañana por mí*– igual que hacían en los cultivos y que fueron vitales para la común supervivencia en tan hostiles circunstancias de pobreza y carencias como hubo en Canarias durante todos aquellos años.

Lo que resulta sintomático del enorme clasismo existente en la época es constatar cómo columnistas como Francisco Morales Padrón publicaban en la prensa provincial grancanaria artículos como “El lamentable sur” a finales de los años 70, quejándose con tanto desprecio y falta total de empatía del aspecto de aquellas viviendas pobres, aún a medio construir, de las familias más humildes de la Isla a quienes se permitió incluso denigrar con deleznables descalificaciones de acomodado pequeñoburgués:

[127] *De aquel Vecindario*. 2022. Ediciones Múltiples, Gran Canaria, poema del capítulo “De donde vengo”, páginas 22 y 23.

SOCIEDAD
S. PEDRO MARTIR

A partir de Gando y hacia Juan Grande discurre uno de los urbanismos más deprimentes de Gran Canaria: Arinaga, Sardina, Vecindario y Doctoral, son como excrecencias caóticas, sin pizca de estética. El viajero que al llegar al Cruce de Arinaga torne su cabeza a la derecha podrá contemplar una horripilante iglesia sin concluir y una línea de edificios que personifican todo este paisaje atentatorio a nuestra salud anímica (...) Esas casas del Sur, sin terminar, sin el arrope de la blanca cal, dispuestas desordenadamente, proyectadas por espíritus romos, es algo que estremece[128].

'*Deprimentes*', '*excrecencias caóticas*' sin estética y horripilantes, '*espíritus romos*' que atentan con '*nuestra salud anímica*' y '*estremecen*', qué mirada tan reprobatoria y reprobable a la vez la de Francisco Morales, condenando por su situación a las propias víctimas de la explotación y la miseria impuesta durante el régimen franquista por sus victimarios, responsabilizándoles en exclusiva del feísmo indeseado de sus humildes casas aún por concluir. Para las familias campesinas, sin embargo, aquellas viviendas que habían podido levantar al fin con multitud de sacrificios y privaciones, comparadas con las cuarterías tercermundistas de las que procedían, eran auténticos palacios, acaso sin tierra antes del asfalto, como la poeta cantara, pero al menos sí con infinito cielo de nubes y estrellas sobre el techo, en sus queridas y a menudo floreadas azoteas.

Quizás nadie como el grandísimo García Cabrera en su descomunal ternura pudo expresar mejor lo que ellas verdaderamente significaban después de tanto desamparo:

[128] Francisco Morales Padrón, *La Provincia* (7/4/1978). Recogido en A.V. González Rodríguez, 1998, *El Sureste de Gran Canaria*, Ayuntamiento de Santa Lucía, página 928.

Esta casa la habían construido poco a poco mis padres,
casi engendrada como un hijo.
Más que de cal, de piedra y de madera,
era de carne y hueso igual que los hermanos.
Nosotros no teníamos más que el día y la noche,
pero eran noche y día químicamente puros,
hechos para el estudio y la ternura.
Algunas tardes íbamos a mirarla crecer.
Mi padre era maestro y le estaba enseñando
a leer en voz alta
aires de libertad como a nosotros.
La escalera tenía la viveza
de una vena en el cuello de un caballo,
blancura de conciencia las paredes,
rectitud de conducta los cimientos.
Un día quedó lista:
le pusieron un número
y ya el cartero pudo traer a nuestras manos
todas las amistades de la sangre y los sueños,
poniéndonos el mundo a nuestro alcance.
Desde el zaguán nos protegía,
hiciera lluvia, frío, miedo, calor o estrellas,
y la noria de los peldaños
nos subía
a los albergues de los cuartos,
tibios como el silencio del vientre de una madre.

Era nuestra y bien nuestra,
no por estar sentada en un registro,
sino porque todos habíamos ayudado a levantarla
quitándonos el pan de nuestra boca.
En las cuatro paredes aprendí de esta casa
a viajar sin fronteras por el mar de los hombres,
a respetar los hombros de la noche estrellada
y a no volver la espalda a las tormentas.
Muchas epifanías amanecieron los reyes sus balcones,
en los trances difíciles
la amargura calzó nuestros zapatos,
alguna que otra vez nos pusimos enfermos.
En ella no temíamos a nada[129]*.*

[129] Pedro García Cabrera. Fragmento del poema "Pesadilla" en el libro *Entre cuatro paredes* en Biblioteca del Centenario, vol. 2, Santa Cruz de Tenerife, Idea, 2005, pág. 239 .

El trabajo en los almacenes DE EMPAQUETADO

Pesara a quien pesara y costara lo que costara, por mayor lucro empresarial como ya quedó dicho, toda aquella extracción de agua –a pesar de su escasez– y toda aquella exótica fruta se produjo principalmente no para el consumo propio sino *para fuera*, para su exportación al extranjero donde más se rentabilizaba su valor y por ello y desde el principio auténticas legiones de obreras y obreros la esperaron cada día en los almacenes, que florecieron también como las setas en cada pueblo junto a los cultivos de las tomateras[130].

130 Según algunas estimaciones se calcula que alrededor de los años 50 y 60 llegó a haber en torno a los 150 almacenes de empaquetado en Gran Canaria, especialmente en el sur de la isla pero también en Telde, Las Palmas y el norte, que empleaban en torno a 15.200 mujeres (*Mujeres empaquetadoras de tomates. Una historia llena de vida, de lucha y de esperanza.* Domingo Viera Gonzalez, coord., Mercurio editorial, 2018, página 34). Lamentablemente, y como reconoce el mismo estudio, la falta de datos y estudios relativos a esta actividad realizada por las mujeres hace que la información aportada sea tan solo una aproximación que no ha podido ser contrastada oficialmente: *Cuando hemos buscado en las distintas publicaciones, siempre hemos encontrado ligeras referencias a su trabajo, muy pocas a su remuneración global y casi ninguna a qué sucedió con sus vidas personales, familiares o a sus relaciones colectivas,* con razón se lamentaban (obra citada, página 35).

En camiones, *en mudadas* desde el norte[131] y otras zonas más deprimidas de las Islas[132], y sobre todo después de la posguerra, trasegaron hacia el sur familias enteras para que sumaran los brazos que hicieran falta[133]. Las gentes accedían a trasladarse de sus comunidades hacia las zonas de cultivo con la idea de regresar a sus hogares regularmente al acabar las zafras, pero era muy frecuente que al final no pudiesen hacerlo dadas las escasas posibilidades económicas[134] o los

---

[131] Como explicaba Rosa M. Henríquez, en uno de sus primeros artículos sobre el tema, la actividad en principio se desarrolló por el norte pero luego la competencia con el cultivo del plátano por el agua y el terreno acabó por desplazar los cultivos tomateros hacia la zona sur y sureste de la isla, lo cual supuso un verdadero reto dada la escasez de mano de obra en aquellas zonas (familias de pescadores, pastores y algunos dedicados al cultivo cerealero) y que se resolvió finalmente en gran parte gracias a la migración masiva de población de otras partes del interior y norte de la isla (Rosa M. Henríquez Rodríguez, "Las dos realidades de la unidad doméstica aparcera del sur de Gran Canaria" (1993), en *Sistemas de Género y construcción/deconstrucción de la desigualdad*, actas del VI Congreso de Antropología, Tenerife, páginas 114-5).

[132] Según recogía en su estudio Villalba Moreno, en ambas islas capitalinas los trabajadores del tomate se desplazaban tradicionalmente de las zonas de medianías o de las islas menores a las zonas de cultivo durante el tiempo de la zafra, afectando la migración cíclica a veces a las familias enteras y otras a solo una parte. *El progresivo estrangulamiento de la agricultura de subsistencia obliga a muchas familias a asentarse en las áreas de cultivo, dando lugar a que se acrecienten una serie de núcleos de población: Vecindario, Doctoral, Tablero de Maspalomas, etc. en Gran Canaria; Playa San Juan, Alcalá, Los Cristianos, etc. en Tenerife, que posteriormente serán potenciados por el turismo* (Villalba Moreno, 2017 (1976), *El cultivo del tomate en Tenerife y Gran Canaria*, Idea, página 141).

[133] Confirmaba también en su obra sobre las jornaleras de Arona María Mercedes Chinea Oliva (2005) que la puesta en cultivo de los terrenos requería de mano de obra en abundancia haciéndose muy pronto insuficiente la disponible a nivel local y teniéndose que recurrir a trabajadores incluso procedentes de otras islas, constituyendo aquel proceso inmigratorio *el comienzo de una de las mayores riadas humanas entre La Gomera y Tenerife* (*Jornaleras del Tomate en Arona*, pág. 67).

[134] Como explicaba en su trabajo Rosa M. Henríquez, *la situación económica en estos pueblos del interior (Artenara, Tejeda, Moya, Firgas, Cazadores, Ayagaures...) no era nada halagüeña. Empezaba a sufrirse las consecuencias de una crisis que afectaba a las economías familiares, producida por la entrada de productos agrícolas importados (cereales), que reducían las posibilidades de ingresos monetarios por parte de la población. Por otro lado, un sistema de herencia igualitario conducía cada vez más a una división de la propiedad (...) Las*

abusos impuestos por sus contratadores[135], generando ello una frustración latente y un desarraigo inicial que Villalba Moreno describió como nadie en su trabajo pionero:

> *Este desgarramiento de su medio vital explica la actitud de los aparceros y peones en su nueva situación, actitud que, con respecto a la sociedad, es la de un verdadero marginado, con todos sus vínculos sociales rotos, sin apoyo en el contexto social que le rodea y con el que no tiene una relación esencial sino funcional. El aparcero se siente "pieza sustituible", la resignación y el miedo son sus consecuencias naturales. Como individuos, se sienten poco inclinados a la relación con otros vecinos de cuarterías; se desconfía del extraño, no con la desconfianza del que teme perder algo, sino con la del que no espera nada de los demás*[136].

En sus aldeas, como para animarles a dar el paso, se les despedía como a héroes tirando al aire incluso *voladores de fiesta* y ya una vez en los almacenes, se les repartía de cuatro

explotaciones dejaron de ser rentables para gran parte de estas familias, lo cual redundó como ventaja para su reclutamiento en los cultivos tomateros del sur (Rosa M. Henríquez Rodríguez, "Las dos realidades de la unidad doméstica aparcera del sur de Gran Canaria" (1993), en *Sistemas de Género y construcción/deconstrucción de la desigualdad*, páginas 114-5).

[135] Según recogía el impactante testimonio de Carmen de Vecindario: *Traíamos cosas para comer: nueces, castañas... Algunas de las personas volvían a sus pueblos de origen los domingos, cuando se podía, para ver a las familias, aunque siempre no era posible sea por el trabajo o porque realmente había pocos medios de transporte que comunicaran los distintos pueblos. Cuando se fueron al sur iban todos: madre, hermana y el niño pequeño. Y ya la empresa no les dejaba volver al pueblo para ver a su familia durante toda la zafra. Las empresas no les dejaban volver a Firgas durante la zafra. Ni siquiera desde Arucas a Firgas, que era más cerca* (*Mujeres empaquetadoras de tomates. Una historia llena de vida, de lucha y de esperanza.* Domingo Viera Gonzalez (coord.), 2018, Mercurio, páginas 40-41).

[136] Villalba Moreno, 2017 (1976), *El cultivo del tomate en Tenerife y Gran Canaria*, Idea, página 141.

en cuatro *en cuartos*[137] *de tres por tres*, donde cocinaban y comían, se aseaban y dormían el mísero tiempo que el trabajo no les empleaba[138].

Muchas veces, al final de las jornadas, incluso de madrugada a la luz de las velas, las más necesitadas, como mi madre o mis tías mismas[139], se esforzaron trabajando todavía más horas *por cuatro perras*, rellenando almohadillas de viruta[140] para mayor comodidad de la fruta durante su largo viaje oceánico. Sin ir más lejos, mi madre Eligia Socorro, nos contaba con motivo de este trabajo:

> *Eso era toda la jornada desde que abría el almacén a las 8 de la mañana hasta que se cerraba por la noche. Había una habitacioncita que era solamente para rellenar las almohadillas y que estaba separada de donde se empaquetaba el tomate. Mi tía Angelita y mi tía Carmen estaban siempre en las almohadillas y según lo que se necesitara pues nos*

---

[137] No contaban con agua corriente y los baños y cocinas eran comunitarios. Según los testimonios recopilados en Carrizal de Ingenio, por ejemplo, la distribución de las personas se hacía atendiendo al lugar de procedencia: *En la cuartería de la punta de arriba se instalaban las mujeres de Artenara, Tejeda, El Rincón, La Solana. En la punta de abajo las de Teror, Utiaca, Valleseco, San Mateo, etc.* (*Entre surcos y seretas. Un pueblo hecho a empujones de zafra*, pág. 60).

[138] *Recuerdo que teníamos un horario laboral de 8 a 12:30 y desde 14:00 hasta las 20:00 y después de la cena se continuaba (la mayoría de las veces) hasta las cuatro de la mañana. Se hacían muchísimas horas extras que se pagaban a 50 céntimos de las antiguas pesetas,* explicaba una extrabajadora de aquel entonces, y *algunos estaban tan cansados que iban al baño y se quedaban dormidos. Otros se dormían de pie empaquetando*, contaba otra antigua trabajadora *(Entre surcos y seretas. Un pueblo hecho a empujones de zafra.* Asociación Homenaje a los Trabajadores/as del Cultivo y Empaquetado del Tomate de Carrizal, 2006, pág. 94).

[139] Que también migraron de las medianías de su isla, del pueblo de Teror en concreto, a trabajar en el sur; "las chicas del norte" las llamaban.

[140] La viruta, que se fabricaba localmente con madera importada de la Península (pino gallego y catalán, sobre todo), era inicialmente imprescindible en el empaquetado, para formar capas acolchadas en los seretos que protegieran a las frutas de los roces, siendo aprovechada la que sobraba del proceso de fabricación por las familias para rellenar colchones (*Entre surcos y seretas. Un pueblo hecho a empujones de zafra*, pág. 62).

tenían a más chicas allí, más trabajadoras. Las almohadillas se ponían en la última capa del sereto, antes de ponerle la tapa, se ponían las almohadillas para que los tomates no tropezaran con la tapa que era de madera, que después los trabajadores las clavaban enseguida, como hachas... Los que hacían los seretos eran, como papá, los ajusteros. Y de allí ya después para las torres de seretos ya cargados y pa'l camión y del camión pa´l muelle.

Ahora es diferente, porque España no exporta tanto tomate, que tú sabes que ahora ni almacenes hay sino el de don Juliano en el cruce de Arinaga, han desaparecido todos pero en aquel entonces cuando decían a lo mejor que mañana tenía que salir un camión a las 8 de la mañana para Holanda o para Inglaterra, entonces esa víspera había que trabajar y hacer seretos de tomates hasta que se llenara el camión y ese día se descansaba al mediodía y se regresaba a las dos y después no se sabía a la hora a la que terminabas, a las 3, a las 4 de la mañana o a veces era hasta por la mañana, decir a las 7 "vayan a desayunarse a sus casas y después vuelvan otra vez" y seguir la jornada. Y después habían unos altavoces y desde que daban las diez o las doce de la noche ponían música de canciones antiguas para que no nos durmiéramos y hacer más ameno el trabajo pero a veces eran tan lentas y melódicas que más bien nos daban sueño.

Y a veces cuando daban las dos o tres de la mañana y veían que la gente estaba parándose mucho, porque eran mesas larguísimas de a lo mejor diez mujeres por cada banda, y el encargado se ponía encima de una caja en la cabecera de ese tablero para ver cómo trabajaban las mujeres y si él bostezaba, porque tú sabes que eso es contagioso, todos nos poníamos bostezando y con ganas de dormir y entonces, sobre todo cuando era los jueves, porque eran días de verse los novios, y la gente quería soltar pronto para

verse con los novios, y si el encargado veía que aquello iba lento y no se iban a hacer los seretos suficientes para el siguiente día, por la noche, cuando teníamos que hacer horas extras, hasta las 9, las 10 o las 11, y entonces el encargado les decía "¡cinco seretos para soltar!" y las mujeres se disparaban que era todo el mundo arrejundiendo[141]*, arrejundiendo y los seretos y los tableros volaban, tanto los que ponían los tableros con los tomates como los que empaquetábamos, y había mujeres que no se les veían ni las manos de la práctica grandísima, las que eran viejas comparadas con nosotras que estábamos empezando una zafra o dos no tenía nada que ver*[142].

Según todos los testimonios recopilados, en los almacenes de empaquetado el ritmo de trabajo era rápido y monótono y para hacerlo más llevadero, y muchas veces –y allí donde era permitido e incluso promovido por los encargados para que no se adormecieran especialmente en las horas nocturnas, como en La Aldea de San Nicolás– se entretenían aquellas obreras cantando coplas, a menudo *picándose* entre ellas, sacando a relucir rencillas o cotidianas disputas y rivalidades por cuestiones de trabajo o de noviazgos. O aprovechaban las mayores otras veces para enseñar a las más jóvenes sus viejos romances llenos de moralinas sobre hombres pérfidos y muchachas ingenuas que acababan socialmente aisladas y estigmatizadas por madres solteras.

Melodías repetitivas que acompañaban el ritmo del trabajo y voces que se iban sucediendo como momentáneas solistas de rimas sencillas que se iban improvisando según la memoria, la casuística o la creatividad de cada día y que ayudaban a mitigar los rigores y el aturdimiento de las rutinarias tareas. En Gran Canaria, por ejemplo, cantaban las jornaleras:

[141] De *rejundir*, según el *Diccionario Básico de Canarismos*, dar mucho de sí una cosa, cundir, o avanzar mucho en un trabajo o actividad.

[142] Entrevista realizada a Eligia Socorro Socorro en Las Canteras, en Las Palmas de Gran Canaria, el 14 de enero de 2024.

Anoche me dio las doce
empaquetando tomates
esta noche me darán
conversando con mi amante.

Eres boba consentida
que te consientes del viento,
que tu novio no te quiere
por el poco fundamento.

Ya llega el mes de mayo
se marchan las forasteras,
ya se quedan los aldeanos
con sus novias verdaderas.

Las forasteras se van
pero vuelven para el año,
se quedan las aldeanas
con el mismo desengaño.

Si canto me dicen loca,
y si no canto cobarde,
si bebo vino borracha,
si no bebo miserable.

La flor de los tomateros
se la comió la lagarta,
y por eso yo no quiero
amor en tiempos de zafra.

Si me quieres escribir
la dirección yo te mando,
Aldea de San Nicolás,
almacén de don Armando.

Te piensas clavel morado
que por ti me desatino,
yo tengo los ojos puestos
en otro clavel más fino.

Eres una relambía[143]
como una veleta tuerta.
Eres de las cerraduras
que toda llave le entra.

Arrejundan compañeras,
arrejundan con anhelo,
a ver si este año sacamos
para la cama y el ropero.

Arrejundan muchachitas,
arrejundan a empaquetá,
que el camión está en la puerta
y ya se quiere marchar[144].

[143] Relambido en Canarias, como en Cuba y República Dominicana, según recoge la RAE en su *Diccionario de Americanismos*, es sinónimo de descarado, persona que acostumbra tomarse excesiva confianza.

[144] Muestras folclóricas como las realizadas en La Aldea de San Nicolás por parte del Proyecto Cultural de Desarrollo Comunitario, con motivo de las Jornadas conmemorativas del 130 aniversario de la introducción del cultivo del tomate en el municipio, en junio de 2016, y en la que se recreaba el trabajo en los almacenes, recopilaron estos cantos de trabajo en concreto, que muestran magníficamente, además de la creatividad artística inspirada en el mundo campesino, la atmósfera que se respiraba en aquellos años: las duras críticas entre sátiras, mujeres desahogando en público sus experiencias, inquietudes y emociones mientras un capataz merodeador, invariablemente varón y a menudo con malas formas, les llamaba la atención para que mo-

Martinito toca el pito
y sobre del pito pone
las horas y los minutos
que le roba a los peones[145].

Como denunciaba la última coplilla, el inicio y final de la jornada laboral diaria, así como los descansos, se comunicaban con un pitido del bucio o del silbato del encargado y era habitual que antes de dar *la suelta* se retrasaran varios minutos que después no se le retribuían a los y las trabajadoras, lo cual lógicamente causaba descontento y en ocasiones hasta tímidas reivindicaciones y acciones consensuadas de protesta. Según recogía el testimonio de otra extrabajadora grancanaria de los almacenes:

> *En una ocasión, hartas de aguantar, una de las trabajadoras propuso a las compañeras: "Cuando llegue la hora de suelta y no la den, yo doy tres palmadas y dejamos de trabajar". Así lo hicimos, oímos plaf plaf plaf y todas salimos por la puerta para afuera. Y así lo hizo dos o tres veces para acabar con el abuso*[146].

Doña Ernestina Flores, de Tegueste, por su parte, en la isla hermana de Tenerife, también denunciaba en sus memorias el trato vejatorio dado a las trabajadoras por parte de algunos de aquellos encargados y los abusos sufridos en larguísimas jornadas forzadas en los almacenes del sur tinerfeño:

vieran más rápido las manos y no se distrajeran de las tareas productivas al tiempo que vigilaba que el almacén se respete y, so amenaza de arresto o despido, nadie se atreviera a comerse ni uno solo de los tomates destinados a la exportación. Fuente: Youtube: *Actuación del Proyecto Cultural de Desarrollo Comunitario de La Aldea.*

[145] *Entre surcos y seretas. Un pueblo hecho a empujones de zafra*, Asociación Homenaje a los Trabajadores/as del Cultivo y Empaquetado del Tomate de Carrizal, 2006, pág. 66.

[146] Obra citada, misma página.

Una noche que estaba yo empaquetando con una compañera, el encargado nos vio hablando y nos separó, a ella la dejó y a mí me mandó a arrastrar un carro cargado de cajas con tomates. El encargado, que solía llevar una varita en la mano, se ponía en un sitio donde nos vigilaba a todas y si nos queríamos comer algún tomate lo hacíamos a escondidas[147]*. En el tiempo de la zafra, llegábamos a mi casa a la una, dos o tres de la mañana. Una vez salí por la mañana y llegué al otro día a las ocho.*

En ocasiones, los abusos sufridos desataban reacciones de protesta espontáneas por parte de las trabajadoras, especialmente durante el final de la dictadura cuando los sindicatos y diversas organizaciones políticas volvían a recobrar peso organizándose clandestinamente en la lucha por los derechos civiles elementales. El detallado testimonio de Carmen, del pueblo de Agüimes, me emocionó profundamente:

Siempre se controló las veces que íbamos al baño y el tiempo que estábamos dentro. Todo comenzó cuando una compañera fue tres veces, porque tenía necesidad, y la encargada del baño fue con el cuento al encargado. Este fue al puesto de la trabajadora y le llamó la atención por ello. Y ella le dijo "yo he ido las veces que lo he necesitado" y se formó la de dios, porque se le subieron los humos al encargado y le gritó: "¡Tú no vas al baño las veces que te dé la gana porque a mí no me da la gana! ¡Y ahora te quedas despedida y no vengas más a trabajar por haberme contestado mal, malcriada!". Y ella le dijo: "yo no he contestado mal sino que le he dicho que he ido al baño las veces que he tenido ganas" y la mujer se

[147] ***No podía reírme, ni tan siquiera comer un tomate porque me llamaban la atención o me arrestaban,*** confirmaba otra trabajadora de la misma época (Obra citada, pág. 65).

cayó al suelo desvanecida. Las compañeras enseguida la sacaron fuera.

El personal en ese momento fue como un sentimiento que se transmitió a todas. Estábamos todas llorando por la injusticia que estaba pasando y que no podíamos... El encargado tocó el pito (eran ya las doce) para soltar y dijo: "¡Hay que venir a trabajar a la una y media (media hora antes) porque hay embarque a las 4 y se necesita avanzar el tomate!".

Yo no sé cómo fue, pero en ese mismo momento las mujeres lo fuimos rodeando, rodeando... nadie nos avisamos, pero fue algo que se transmitió. Y, cuando él dijo: "Hay que irse porque hay que venir antes", todas dijimos: "¡Aquí no trabaja nadie si Mari no vuelve a su puesto de trabajo! Nos da igual que haya barco a las 4 o a las 5. ¡Si Mari no vuelve a su puesto de trabajo aquí no trabaja nadie!". Tomamos esa decisión sin contar antes unas con otras.

Todas gritábamos y el encargado insistía a gritos, subido a una tarima alta y con su estatura de dos metros. Y una de las trabajadoras, de las más jóvenes, le tiraba de la chaqueta. "¡Suélteme, malcriada!", le gritaba. Y ella: "¿Malcriada yo?, ¡malcriado usted, que le ha faltado al respeto a esa mujer y nos está faltando el respeto a todas todo el día! ¡Vamos a dar cuenta de esto al dueño!".

A partir de aquí comenzó nuestra revolución. Nos fuimos en la guagua para almorzar y la volvimos a coger para estar en el almacén a la una y media pero cuando llegamos y vimos que la compañera no estaba allí, nadie se puso en el puesto de trabajo sino de pie a la entrada del almacén. Las máquinas estaban en marcha pero nadie se puso en su puesto. El encargado estaba nervioso. "Si Mari no viene a su puesto no nos ponemos ninguna a trabajar", dijimos todas. Y el que hacía de segundo encargado tuvo que poner el coche en marcha y ir a Agüimes a buscarla. Cuando ya estuvo en su puesto de trabajo nos pusimos todas a trabajar. ¡Era tanta la injusticia que no sé ni cómo lo hicimos! Nos mirábamos unas a las otras... ¡llorando! (...) A partir de esa fecha cambiaron mucho las cosas[148].

No todo fueron conflictos y momentos duros en los almacenes, afortunadamente también hubo momentos para el juego, la complicidad o la ternura, incluso el amor entre trabajadores tan jóvenes. Rememoraba mi madre, por ejemplo, cómo durante una época les dio a ella y a una amiga por escribir cartas de amistad y empaquetarlas junto a los tomates por ver si alguien, al modo de los mensajes lanzados al mar en botellas, las encontraba y les respondía y cómo incluso en cierta ocasión alguien desde Granada lo había hecho y se había estado carteando luego con ella por el correo ordinario para disgusto de mi abuelo Alfredo, que no aprobaba que se contactara tan alegremente con desconocidos y se tuviese tan *poco fundamento*.

También para trabajar en los almacenes, generalizadamente, se recurrió al trabajo infantil y de esta forma, de alevines a cadetes, legiones enteras de chiquillos abandonaban las escuelas y demasiado pronto aprendían a hacer cajas y seretas, y a apartar y a empaquetar y a etiquetar tomates, antes que a sumar o a multiplicar ni unos panes ni unos tristes peces[149].

---

[148] *Mujeres empaquetadoras de tomates. Una historia llena de vida de lucha y de esperanza.* Domingo Viera (coord.), 2018: 174-5.

[149] Situación que perduró hasta que las legislaciones contra la explotación infantil y la progresiva conquista de unos derechos sindicales mínimos comenzaran tímidamente a desterrar los abusos y la precariedad en que vivían quienes trabajaban en el sector, bien muerto Franco y ya entrados en plena democracia. Durante el franquismo, por poner otro ejemplo de precariedad, tan solo las viudas y madres solteras aparecieron reconocidas como jornaleras del tomate en los padrones municipales y pudieron cotizar algo para sus propias jubilaciones (M. M. Chinea Oliva, 2005, pág. 34) .

Fue cambiar el olor de los libros por el olor del tomate –recordaba doña Teresa, de Sardina del Sur, hablando del día que empezó a trabajar–. *Ese día mis ganas era echarme a correr e irme a buscar mi estuche. Pero sabía que mi casa dependía del sueldo y supe que me tenía que quedar allí.*

Mi madre quedó viuda con siete hijos y no quedó más remedio que dejar la escuela, por eso empecé a trabajar a los 13 años, explicaba otra exempleada del mismo pueblo.

Para empaquetar tuve que poner un cajón para llegar a la mesa, ya que era muy niña, confesaría muy gráficamente años más tarde otra de aquellas explotadas trabajadoras infantiles[150].

Con el tiempo, cuando ya los chiquillos eran algo mayores podían emplearse como mulas en cargar los camiones[151] que después se iban al puerto a embarcar la fruta para una tal Inglaterra, que nadie sabía ni dónde estaba, la cuna de aquel tal *Míster Pilcher*[152] o los *Yeoward de toda la vida*, que se llevaron la mejor partida azuzando encargados como bardinos[153].

[150] *Entre surcos y seretas. Un pueblo hecho a empujones de zafra*. Asociación Homenaje a los Trabajadores/as del Cultivo y Empaquetado del Tomate de Carrizal, 2006, página 149.

[151] Los bultos con destino a Europa pesaban en torno a los 6 kilos, mientras que los que se exportaban a la Península y a Europa oriental pesaban 14 kilos aproximadamente (*Entre surcos y seretas. Un pueblo hecho a empujones de zafra*. Asociación Homenaje a los Trabajadores/as del Cultivo y Empaquetado del Tomate de Carrizal, 2006).

[152] Leonard Hamaton Pilcher (1891-1974), exportador británico asentado en el sur de Gran Canaria, conocido como "el amo del tomate de Tirajana" (Vega, Yurena. "Pilcher, de marinero inglés a amo del tomate de Tirajana" en *Maspalomas 24h,* 26-8-2022).

[153] Como atestiguaba el citado cineasta Ramón Saldías, *en aquella época se comentaba que si alguien quería ser poderoso debería de querer parecerse más al mayordomo del Conde de la Vega Grande que al propio Conde porque siempre existía una persona en la sombra que sacaba provecho de las desgracias de los demás.*

Recuerdo la profunda emoción cuando, por tres veces, reconocí en las viejas fotos en blanco y negro de aquel libro de aparcerías[154] a mi padre en un almacén de empaquetado riéndose entre tantos chiquillos de alpargatas viejas y delantales rotos que arruinaban las cajas de madera. *Los chicos se encargaban de las tareas más duras: mojar la madera, trasladar a las mesas de las distintas máquinas de cosido, acarrear los seretos hasta los castillos*[155] *y cargar los camiones*[156], decía el libro, y allí, en tres fotos, tan minúsculo y anónimo en medio de la historia de su pueblo, el niño pobre de mi padre, como tantos otros, trabajando por un jornal desde los nueve años. Con el paso del tiempo, como en tantos casos, del estiércol de toda aquella tristeza y de aquella rabia en lo profundo irían brotando más poemas…

---

154 *Entre surcos y seretas. Un pueblo hecho a empujones de zafra*. Asociación Homenaje a los Trabajadores/as del Cultivo y Empaquetado del Tomate de Carrizal, 2006, páginas 46 y 90.

155 Como se denominaban los apilamientos de seretos en espera de la llegada de los camiones para su traslado.

156 Obra citada, pág. 43.

DE-CONSTRUCCIÓN

—desde 'el canto de abajo'—

Mientras el niño pobre de mi padre anda
eternamente armando tierra —tragando tierra—
con nueve años por mi consciencia

"Mi patria,
la sombra fresca
de un almendro en flor" —cantaba la rana—

la nana —lacia—
a la sombra —franca—

de un pequeño almendro
que algún hijo de la Gran Bretaña
probablemente compró

—aunque esa estrofa no se cantó
sino la patria "una sombra", señor Murphy—

su "fresca, inolvidable sombra"...

Ahora que estamos hastiadas
—se advierte— vamos
a descuartizar poemas[157].

[157] Del poemario inédito *Poemas de la ultraperiferia*, Gloria Cabrera (2018).

AFORTU-NADAS

"Los hijos de nadie, los dueños de nada.
Los nadies: los ningunos, los ninguneados,
corriendo la liebre, muriendo la vida, jodidos, rejodidos"
Eduardo Galeano

Aquí
donde la fortuna es
de los piojos —entiendan los políticos—

y la paz sepulta este estrago
—llamando al aborregamiento—

donde el heroísmo descansa
en causas sencillas como ir
a trabajar

o buscar
sin nunca encontrar

y tan difícil se hace no acabar de
r o m p e r n o s
con cada ángel que se rinde

taponar la hemorragia
eludir la tristeza
aguantar la rabia enfermiza

y estirar tirar tirar
—como bueyes—
todo es tirar adelante

—ultrarradio de aquí— donde a lo lejos
solo perros y gallos
y moscas se oyen
cada mañana

y jaleos de niñas
enjauladas
mal a salvo del mundo[158].

[158] Gloria Cabrera, obra citada, 2018.

Dos clases, dos cines:

APARCEROS VERSUS TOMATES DE INVIERNO

Cuando, con los años, se dio la oportunidad de visualizar algunos de los pocos documentales que fueron filmados sobre la aparcería en Canarias, como el ya mencionado "Aparceros" de los cineastas vascos Almendros, Saldías y Arza –vinculados con los movimientos de izquierdas de Gran Canaria de la época[159]– fue igualmente imposible evitar el mismo sentimiento de emoción y honda tristeza ante aquel digno retrato del pobrerío canario grabado en la clandestinidad en todo su realismo y crudeza. Como explicaba Saldías en la presentación de su restauración 50 años más tarde:

> *La película se presentó al Ministerio y nos la echó pa´trás, yo pensé cuando se la llevamos al Ministerio que íbamos a ir a la cárcel, porque era una época que aún vivía Franco, en el 73, entonces hasta el 77, hasta que no murió el Caudillo no nos dieron el cartel de exhibición que habrán visto que pone el depósito legal en 1977 y ya fue a muchos colegios, sitios de universitarios, de gente comprometida porque verdaderamente las salas de exhibición no la querían mucho, comprenderán que un cine como la sala Callao en Madrid pensaría que aquello era muy duro para la gente que va allí, que son gente de dinero, ¿entienden? Así que la película fue a unos cauces comprometidos (...) Una persona de la revista Sansofé, que la revista Sanso-*

[159] Testimonio recopilado para este trabajo el 19 de octubre de 2023 durante el acto de presentación de la restauración de la película documental "Aparceros" en Santa Cruz de Tenerife.

fé era el nido de toda la izquierda en Canarias, y el Partido Comunista era el único, por desgracia, que defendía a los aparceros, y entonces Mari Carmen, de la revista, nos llevó a las aparcerías, nos presentó a los cabecillas de los grupos más sindicalistas, más políticos y obtuvimos el permiso de ellos para poder hacerlo, sin cuyo permiso no habríamos podido hacerlo, permiso no escrito ni legal, sino de la aceptación de que pudiéramos reflejar lo que estaban haciendo (...) Aquellos terrenos eran del Conde de la Vega Grande que, desde su casa en Vegueta hasta el Sur todo era suyo, era el que explotaba a esa gente, él tenía un Rolls y ellos tenían los pies descalzos y con muchos callos, Alejandro del Castillo en aquel momento y la Marquesa su esposa, se repartían el dinero uno y otro, y vivían estupendamente[160].

La importancia del documental, si tiene alguna –nos explicaba por su parte en el mismo evento el direc-

160 *La película* –continuaba explicando su director en el citado evento hablando de la realización de "Aparceros" en los años setenta– *no siguió los cauces normales de la producción del cine que se hacía en esa época, esa época estaba controlada con mano de hierro por la administración pública, por el Ministerio de Cultura, de Interior... Y entonces antes de empezar había que presentar un guión donde las autoridades podían ver que la película podía hacerse sin peligro para el Estado, entonces otros cortos que hicimos nosotros sí siguieron ese camino que era el normal, pero entonces esa película que se hizo de una forma mucho más artesanal, mucho más sincera, sin preocuparnos de si iba a ser proyectada o vista por más gente o no (...) Y Ramón, cada vez que disponía de tiempo, él que tenía lo que entonces nos parecía un tesoro que era su cámara, pues nos decía "mañana domingo podemos salir", y salíamos a rodar y así, al cabo de un tiempo, no se rodó en una semana ni en un mes sino durante toda la zafra y salimos a rodar y íbamos recogiendo las filmaciones que Ramón realizaba, y después de forma más artesanal todavía nuestro compañero José Luis Arza hacía el montaje, se ponía un listón en el techo con clavos y se iban colgando los trozos de celuloide que se cortaban con cuchillas Guillette. Luego tuvimos la suerte para el montaje de conseguir a una persona que tenía una moviola y poco a poco conseguimos terminar la película; la película se terminó pero tardó en estrenarse y lo que no habíamos hecho al principio lo hicimos al final, tardó para conseguir el permiso de exhibición y estuvo dos años sin salir a las pantallas* (Jesús Almendros, en la presentación de *Aparceros* en Santa Cruz en octubre de 2023).

> tor de "Aparceros" Jesús Almendros–, *es ser testigo de un momento determinado de nuestra historia en la que ocurrían cosas que hoy nos parece impensable que puedan ocurrir. Por eso la película va sin un locutor en off, que vaya explicando las cosas que se ven. Hemos hecho, como quien dice, cine de la época del cine mudo, poniendo los letreros y se entiende perfectamente la película, si lo que queríamos era mostrar las miserias de esos aparceros que trabajaban las 24 horas a veces y no cobraban nada porque luego el señor de los terrenos les decía "pues mira, he vendido mal los tomates y ya no hay más", y la gente se iba otra vez a las medianías de donde había bajado; la película creo que, no nos dimos cuenta en aquel momento, es más cruda que lo que veíamos entonces (...)*
>
> *Nosotros al hacer la película pretendimos ser realistas y mostrar lo que existía realmente sin tratar de hacer un panfleto. No quisimos ahondar en lo más duro y desagradable que podía ocurrir dentro de la aparcería y nos fijamos en que, a pesar del trabajo y de que tenían que colaborar con lo que hacían sus padres, los niños se les ve en la película riendo, llevando lo que les pedían de buena gana, y se ve también y hemos querido dejarlo reflejado, cómo al final después de los siete meses de la zafra hacían una fiesta en la que se olvidaban del trabajo sufrido y se divertían viendo las manifestaciones típicas de la tierra, la pelea de gallos, la lucha canaria y atracciones de feria como los coches de choque y la gente se divertía*[161].

Corroborando el aspecto de la dignidad en el trato familiar a la infancia aún en la escasez, por ejemplo, Haridian López Cabrera, nacida en 2004 e hija de uno de aquellos niños aparceros de los años setenta, nos explicaba para este trabajo cómo su padre le había contado que en las apartadas

[161] Jesús Almendros, 19 de octubre de 2023.

cuarterías de El Canario, en San Bartolomé de Tirajana, el municipio donde fuera rodada "Aparceros" y donde vivía en aquellos años la familia de sus abuelos paternos, Benita y Celedonio, junto a sus cuatro hijos, Benita, Anita, Celedonio y Ernesto, *echando tomateros*:

> *No había tiendas y era los miércoles cuando el vendedor iba con un camión llevando de todo y allí llevaban también las 'chuches' para los niños, que si las galletas, que si los refrescos, y la familia compraba semanalmente dos refrescos, una tableta de chocolate y galletas. Y dice mi padre que se traía el miércoles y el mismo miércoles se acababa, o el miércoles y el jueves, y después ya estaban esperando otra vez la próxima semana para volver. Y dice que echaban refresco en el vaso poquito a poco, como un tesoro. Era el lujo de la época*[162].

Los propietarios de esos terrenos baldíos donde se instalaba la zafra –zanjaba el comprometido director de "Aparceros"– *era gente pudiente que vivía en las medianías y que tenía esos terrenos prácticamente como inservibles y gracias a los aparceros los podían hacer rentables. Es importante que se sepa, que se tenga en cuenta que esto existió, que esto fue verdad, que esto no es un decorado, que esto es un trozo de la vida de Canarias que los canarios tienen que guardar, respetar y admirar para no volverlo a repetir.*

En las antípodas ideológicas, el más antiguo de los documentales, de escasos trece minutos de duración y realizado como propaganda franquista nada más y nada menos que por el marqués de Villa-Alcázar[163] para el Ministerio de

---

162 Entrevistada para este trabajo en El Sauzal el 21 de octubre de 2023.

163 Francisco González de la Riva y Vidiella (1885-1967), Marqués de Villa-Alcázar, ingeniero agrónomo, fue el que más significativamente ha contribuido a la creación cinematográfica del Ministerio de Agricultura. Como recogía la institución en su página web, *su clarividencia sobre la importancia de la cinematografía como género documental, su profesionalidad, dedicación y conocimientos técnicos propiciaron la etapa más fecunda de la*

Agricultura en 1953, con el título "Tomates de invierno", fue el primero que pude visualizar y recuerdo que igualmente causó en mi espíritu una profundísima impresión.

La película en verdad no tenía desperdicio:

> *Que un ama de casa en Inglaterra prepare en pleno invierno un plato de tomates con salsa mahonesa es cosa corriente hoy día pero casi imposible hace cincuenta años* –comenzaba diciendo el sexista guión del documental con música clásica de fondo y secuencias sucesivas de la misma mujer emplatando las diversas recetas–. *Podría ser alemana o sueca el ama de casa, y al regresar de un paseo en trineo prepara en un momento una sabrosa ensalada de tomates porque ahora encuentra tomates fácilmente en invierno, o incluso el ama de casa de zonas frías de España, puede preparar nuestros tradicionales huevos fritos con tomate, que se toman ahora todo el año. ¿Y de dónde vienen esos tomates de los meses de invierno? Pues muy sencillo, se quitan unos papeles de un envase y aparecen virutas, con mucho cuidado se apartan las virutas, y abajo, liaditos en papel, de intenso color rojo, de aspecto inmejorable. Y, por dentro, veamos, deben haber crecido en huertos frondosos para producir esa pulpa que los llena por completo... Pero no, se producen aquí, en pedregales que la energía humana limpia de piedras para conseguir una cosecha cuando esa energía se apoya en el clima de Canarias.*

producción documental propia de este Ministerio. Desde el año 1935 en el que realiza Abonos y Semillas hasta 1963 con Oro líquido, el Marqués llega a dirigir cerca de setenta documentales sobre temas relacionados con agricultura, viticultura, sericicultura, selvicultura, ganadería y la pesca fluvial. No podemos dejar de destacar el valor etnográfico, antropológico e histórico recogido en estos documentales, testimonio en muchos casos de prácticas agrarias, ganaderas, forestales, y oficios en algunos casos desaparecidos.

Y es entonces, sobre el minuto dos del documental, cuando, cambiando la música a una melodía más dramática, aparece filmado el paisaje canario, un vasto latifundio del sur bajo el implacable sol de la tarde, completamente seco antes de la plantada. *Se producen aquí* –continuaba afirmando con total exageración el guión de la película mientras se iban mostrando imágenes sucesivas de los agostados campos del sur canario tras el riguroso verano– *en tierra a la que a fuerza de dinamita se le ha quitado la capa de lava reciente que la cubría por completo, donde solo euforbias podían vegetar, hombres de lucha, hombres de fe han traído agua, han luchado con el desierto, y han plantado tomateras que producen los tomates que hemos dicho.*

Sobre el minuto 3, después de explicarse gráficamente el sistema por el que los pozos bombeaban el agua desde el fondo de los barrancos hasta los cultivos en lo alto de las lomas, aparece la imagen del primer campesino doblado con su azada, él solo sobre la inmensidad de la tierra, mientras

la voz de fondo con música algo más bucólica en ese punto explicaba cómo el riego iba ante todo a los semilleros *donde crecen apretaditas las plantitas de tomate, hay cientos de miles de plantitas en un semillero*, mostrando entonces el documental las primeras imágenes de familias trabajando en las plantadas. Seis personas en esa primera escena: tres mujeres cuya edad es imposible de determinar de forradas como van de ropajes de arriba a abajo, dos hombres con *las palillas* cavando el suelo, y un chiquillo de unos once o doce años sin zapatos, que bien podría ser mi padre en aquella época, echando una mano con las cajas de las semillas.

A todo sol y con agua cerca se hace el trasplante –continuaba la voz normalizando la extrema pobreza, sin mencionar nada del trabajo infantil–. *El ritmo de caída de las plantitas lo dan los pasos, y una mano de hombre coge las plantitas lo antes posible para que no se sequen sus raicillas, las planta y a continuación se riegan,* mientras se veía en la imagen la división de trabajo en base al género ya mencionada, las mujeres delante con la mano derecha dejando caer las plántulas que llevan cuidadosamente bajo el brazo izquierdo mientras los delgados hombres justo detrás, calzados con alpargatas y con los calzones remendados, hacían los agujeros con sus palillas y acababan finalmente de plantarlas.

En una última secuencia de barrido de la escena se aprecia con claridad el caos del terreno antes de la plantada, ya perfectamente asocado con cañas en todo su perímetro pero lleno de manojos de palos, sobre los que las mujeres y los hombres van saltando mientras trabajan, y de zanjas de tierra aún *no armada* sobre la que otro único y solitario hombre joven se emplea con su azada al tiempo que fuma de su cachimba sin desdoblar el espinazo. *Ya están las plantas en su sitio definitivo* –intervenía de nuevo la voz acabando la escena– *y su misión ahora es crecer, crecer y producir*.

Sobre el minuto 5 se permitían incluso hacer un chiste malo impregnado de racismo mientras se mostraba un campo extensísimo lleno de cucañas: *¿Pero qué es esto? ¿un campamento de indios? ¿han invadido los pieles rojas las Islas Canarias? ¿estarán en esas tiendas de campaña afilando sus cuchillos para cortar cabelleras?,* mientras de fondo musical sonaban como tambores africanos. *No* –continuaba el guión–, *son montones de cañas, cañas con las que en muy poco tiempo quedan cubiertas miles de hectáreas para que por ellas trepen las plantas de tomate y quede el fruto sin tocar la tierra, ¡y a crecer!,* cambiando entonces la música a una dulce canción de nana mientras las imágenes mostraban lomas y lomas inmensas llenas de latadas de cañas con los cultivos apenas despuntando aún de la cuarteada tierra.

En la siguiente escena, y sin dejar de sonar la insistente y típica nana de fondo, aparecía culminando la anterior una familia regando. *El clima canario ayuda todo lo que puede* –decía la voz en off de tenue acento catalán–, *el agua la han traído los hombres y esta muchacha, con paciencia y constancia, enriquece el agua con fertilizante,* mientras una adolescente cuyo rostro no puede verse por la pamela de trapos que le protegía por completo la cabeza, en cuclillas junto a la acequia, iba echando puñaditos de guano del enorme

saco a su lado sobre el agua que en el llano discurre lenta. La muchacha apenas salía unos segundos antes de desaparecer para siempre su imagen y nunca miró a cámara sino al vasto horizonte de la tierra seca que su padre, de camisa rota por la espalda y a quien dedicaban la escena siguiente elogiando su gran pericia, iba regando a manta[164] con sumo cuidado.

Otra memorable secuencia de "Tomates de Invierno" es cuando, con otro cambio dramático de la música, aparecen los almacenes de empaquetado: *Desde que se inician las plantaciones hay que preparar una cantidad enorme de tablillas para hacer cestas y cajitas que han de servir para que el tomate llegue a su destino en perfectas condiciones,* explicaba la voz mientras se mostraban imágenes de una gran nave donde decenas de mujeres *ajusteras* todo el tiempo de pie clavaban tachuelas probablemente con un estruendo que la música clásica del documental silenciaba por completo, confeccionando los famosos seretos al tiempo que un puñado de hombres, también con suma rapidez y habilidad, los iban trasladando fuera de la nave haciendo impresionantes torres de hasta doce cajas de altura que es ahora tras el visionado de la película cuando en verdad entiendes que les llamaran *castillos.*

Son las mujeres jóvenes del almacén las primeras que, aún sin ser convocadas, miran directamente a la cámara del marqués en todo el documental, algunas más tímidas disimulando mejor, otras más directas y descaradas. Me dio

[164] El riego de manta es una de las formas más antiguas de riego de cultivos que existen en el mundo. En algunos casos puede ser conocido como riego de superficie o riego por inundación. La idea es que el terreno sea de superficie plana para evitar estancamientos porque el agua debe aplicarse en gran cantidad. Como explicaba un artículo agronómico, el riego de manta se establece con el objetivo de llevar el agua de riego a través de todo el terreno utilizando como premisa el filtrado propio de la tierra. En líneas generales, el agua se esparce en un terreno llano con una determinada pendiente para que esta circule gracias a la fuerza de gravedad hasta su total filtrado en los cauces dispuestos junto a las plantas. Las ventajas que ofrecía el método es que en grandes extensiones de terreno se lograba una rápida distribución del agua sin que se requiera el uso de instalaciones complicadas, por lo que la inversión inicial es realmente baja (Arantxa Bellido, "Riego de Manta: Concepto, Ventajas, Desventajas y Cultivos" en *Sembrar100*, agosto de 2023).

alegría mirarlas de frente, en movimiento al fin y no congeladas como en las viejas fotografías, lástima que no salieran hablando, que entonces sus vidas y sus pensamientos no importaran apenas nada para los ilustres documentalistas del *Régimen.*

Tras un par de escenas más en los cultivos, donde de nuevo se veían trabajando a las familias aparceras, más mezclados ya en la recogida de la fruta, hombres, mujeres y niños, o las "cuadrillas especializadas" como eufemísticamente los llamara la voz en off, y donde incluso se llegaba a mostrar el cultivo del tomate en Lanzarote, empleando camellos en la creación de los *arenados* y sembrando hileras de trigo secuencialmente a lo largo de todos los campos para hacer de cortavientos a las matas de tomateras, que no levantaban del suelo en latadas para que aguantaran mejor, se volvía a presentar de nuevo el trabajo en los almacenes de empaquetado o "confección" como los llamaba el documental y a centrarse en las tareas de aquellas jóvenes mujeres que de nuevo miraban a cámara y algunas hasta sonreían.

Una de ellas, una chica morena muy guapa tomada como modelo, nos mostraba finalmente y sonriente siempre, cómo se envolvía una a una cada fruta y se colocaba en los seretos nuevecitos bajo camadas de virutas, con sumo cuidado cerrando las cajitas que luego otros hombres apilaban en el extremo opuesto del almacén, donde no estorbaran.

El único personaje bien vestido en todas esas últimas secuencias del empaquetado sin duda debía ser el encargado, de traje y sombrero a pesar de estar a cubierto en la nave, moviéndose con arrogancia entre las mesas de las trabajadoras, supervisando su trabajo y, a juzgar por los gestos, dirigiéndose en ocasiones a ellas desde la distancia. Visto desde arriba, gracias al enfoque en picado de la cámara desde un ángulo alto del almacén, se asemeja a un zángano revoloteando sobre las mesas de las obreras, moviéndose en interminables círculos en torno a ellas, aparentemente sin hacer nada más que controlarlas pues, al fin y al cabo, de

su trabajo vivían y cuanto más trabajaran y rindieran ellas mejor que mejor.

Y antes de embarcar –dejaba bien claro antes de finalizar el documental, mostrando ahora con musiquilla alegre de fondo imágenes de la descarga de camiones y camiones en el muelle, acarreando los estibadores manualmente las cajas en carretillas hasta los palés, que se subían en lingadas a los barcos con rudimentarias y peligrosas poleas– *al fruto se le somete a una cuidadosa inspección por los servicios del Estado que solo autorizan la exportación de fruta excelente con todas las exigencias que garantizan el buen crédito de nuestro mercado y protegen los intereses del comprador.*

Y esos magníficos tomates vendidos en todos los mercados de Europa –zanjaba la película mientras se mostraban dibujos de tractores, coches, aviones, microscopios, sacos y embalajes de materiales diversos, hospitales, etc.– *se convierten en una lluvia de productos extranjeros que necesita España y que podemos adquirir gracias a los tomates del invierno de Canarias.*

Los tomates que salvaron al gobierno de Franco, bien decían en el sur tinerfeño.

Del ahogo del campo
Y ALGO MÁS

Con la modernización de los materiales y los nuevos adelantos técnicos[165] que se fueron sucediendo en los cultivos tomateros –nuevas formas de riego y selección de semillas así como nuevos métodos de polinización– se introdujo también la técnica de los invernaderos y se mandó entonces a cubrir las tierras con kilométricas carpas –trágico circo– de un plástico agobiante y opaco que después el tiempo iría pintando, a brochazos de vientos del sur, del mismo chocolate de aquella *tierra de conejos*.

Techar y destechar de plásticos aquellos invernaderos levantados sobre palos y alambres, subiéndose los operarios a los mismos a varios metros de altura y sin equipos de protección, ni cascos ni arneses ni ropa adecuada para evitar el peligro de los clavos y los palos viejos que a menudo se partían bajo el considerable peso, era una tarea arriesgada para la que los cuerpos ágiles y ligeros de los trabajadores más menudos resultaban óptimos, por lo cual muchos adolescentes, entre ellos también mis hermanos durante varios años, aprovechando que la tarea se realizaba sobre todo en el verano, entre zafra y zafra para no interrumpir los culti-

[165] *El cultivo del tomate ha experimentado una de las transformaciones más radicales que se conocen en la agricultura de Canarias. Hoy se cultiva de forma intensiva, con riego por goteo, en invernaderos de malla o plástico, con manos de obra asalariada y utilizando semillas híbridas importadas de Holanda* –señalaba Wladimiro Rodríguez Brito en su estudio de 1996– *al precio de un millón de pesetas el kilo. La consecuencia es que la superficie cultivada actualmente, de unas 3.200 hectáreas (casi un 70% menos que hace 30 años), produce más de 200.000 toneladas (un tercio más), con unos rendimientos de más de 60 toneladas por hectárea* (W. Rodríguez Brito, 1996, *Agua y agricultura en Canarias,* Centro de la Cultura Popular Canaria, páginas 174 y 175).

vos, iban a pedirle el empleo a los encargados para ganarse algún dinerillo extra durante las vacaciones escolares por poco que fuera.

En conversaciones sobre el tema, décadas más tarde, aún recordaba con rasquera[166] mi madre cómo, por ejemplo, a su hijo mayor, mi hermano Manolo:

> *Como él era espigado, resulta que lo tomaron como si fuera mayor de 18 y le pagaron, creo que fue, 17.000 pesetas la primera semana y la segunda, pero después resulta que tenían que presentar el carnet, no sé si era para las nóminas o no sé qué cosa, y cuando presentó el carnet vieron que no tenía sino 16, y entonces, por el mismo trabajo que estaba haciendo y por el que le habían pagado 17.000 pesetas, le bajaron que ya no llegaba ni a 13.000. Y todo porque no era de 18 años sino más chico. Y él era que las lágrimas se las bebía porque estaba trabajando con aquella gran ilusión y después, por no tener la edad, haciendo el mismo trabajo que los otros, rebajarle de 4 a 5 mil pesetas a la semana...*
>
> *Pero siguió trabajando de todos modos, que me acuerdo yo cuando lo iba a buscar para llevarlo a cobrar allí a Vecindario, a una oficina que tenían que ir, y cuando salió él aquella vez los jipíos daban compasión, que me acuerdo que estaba con las playeras*[167]*, de haber estado subido arriba de los mastes*[168]*, todas raleás con los pies saliéndose por*

[166] Siguiendo el *Diccionario Histórico del Español de Canarias* en su segunda acepción, pesadumbre o resquemor, especialmente por no haber conseguido lo que se pretendía o por haber fallado en algo.

[167] Siguiendo el *Diccionario Básico de Canarismos*, publicado por la Academia Canaria de la Lengua, voz usada sobre todo en las Canarias orientales para designar al calzado deportivo.

[168] O "mástiles de los tomateros", son los troncos de las plantas que quedan en los cultivos tras las cosechas y que se dejan secar del todo antes de iniciar su extracción para evitar mayor peso y facilitar la tarea.

los lados... La verdad es que a mí se me arrancó el corazón cuando lo vi. Abusadores sí que eran[169].

Corriendo los años ochenta y noventa del siglo XX toneladas y toneladas de rollos de plástico acabaron finalmente de forrar por completo los cultivos. Y en millares y millares de bolsas sobre la tierra, también de plástico, mandaron a plantar luego las propias *matas* para regarlas por un goteo y ahorrar al máximo el agua, cada vez más escasa y cara como el mismo oro. Al drama humano, supuestas *Afortunadas*, el drama ecológico empeorando todo.

El impacto ambiental de los cultivos intensivos modernos es devastador en cualquier territorio tal y como reconocen abiertamente todos los estudios realizados, y no solo al nivel del impacto visual y paisajístico sino también y sobre todo en el ámbito de los residuos generados siendo ejemplo sintomático de ello, entre otros, el valle de La Aldea[170] en el poniente grancanario, durante mucho tiempo casi completamente cubierto de plástico, con vertederos incontrolados y donde la contaminación de aguas del subsuelo[171] por los retornos del agua del riego era muy considerable antes de que fuese denunciado por la corporación municipal y tal vez ya algo tarde se empezaran a tomar medidas.

[169] Transcripción parcial de la entrevista a Eligia Socorro Socorro el 9 de febrero de 2022.

[170] Como se exponía en un reciente estudio: *Al finalizar el siglo XX, de las 480 hectáreas de invernaderos que había en el municipio casi el 20% estaban deterioradas o abandonadas, lo que generaba vertidos incontrolados de mallas o alambres más los residuos secos de las plantas arrancadas al finalizar la zafra, cada vez más voluminosos por la expansión de los cultivos* (*Tomate y cooperativismo en la Aldea [1898-2021].* Mercurio editorial, Madrid, 2021, pág. 187).

[171] El acuífero de La Aldea ha sido investigado dentro de varios proyectos de la ULPGC dando lugar a dos tesis doctorales, la de Muñoz Sanz de 2005 y la de Cruz Fuentes de 2008 (citados en Francisco Suárez Moreno y Jorge Pérez Moreno, *Tomate y cooperativismo en La Aldea (1898-2021).* Mercurio, Madrid, 2021, pág. 187).

Fue acaso por tanto esfuerzo y sacrificio[172] que, quien pudo, dejó *el trabajo en la tierra* en cuanto hubo forma y aquellos explotados chiquillos los primeros, buscando empleo en torno al nuevo monocultivo que se impondría en las Islas después de los años sesenta, como ya quedó dicho por obra y mandato del gabinete de Franco, la construcción, los apartamentos, los bares y los restaurantes.

Así, cuando el turismo de masas apareció en Canarias atrayendo a nuevas empresas foráneas que acabaron apropiándose esta vez hasta de las costas más rocosas, casi vírgenes por *inservibles* hasta entonces para el cultivo, a golpe de complejos de apartamentos y piscinas y marinas y centros comerciales, y de atraer –con mejores salarios y condiciones de trabajo– a la juventud isleña, los campos agrícolas se fueron abandonando de la mano de la erosión y el paulatino e irremediable deterioro[173].

[172] Como explicara magistralmente en su estudio Sabaté Bel, con el desarrollo en el sector tomatero de sociedades anónimas de nuevos propietarios en estructuras de carácter más empresarial, la extorsión de la fuerza de trabajo se volvía más sofisticada y el abuso seguía practicándose, con honrosas excepciones según el autor, mediante cláusulas legalizadas: *No es de extrañar, por todo ello* –concluye nuestro autor–, *que casi todo el que pudiera se saliera de esta situación. Salir en primer lugar, de habitar al interior de la propia explotación, modificándolo por una residencia autoconstruida más digna. De este modo, surgieron, a medida que se ofertó suelo por parcelaciones más o menos clandestinas, barrios como Guaza, Guargacho, Las Rosas, Chó, el crecimiento y densificación de Las Galletas, y sobre todo el caso de El Fraile (...) Y cambiar también, en cuanto fuera posible, el empleo agrícola por otro en la construcción o los servicios turísticos, en la medida en que éstos demandaron personal. No fue, ninguno de los dos, un proceso fácil. Se hubo de materializar a costa de sacrificios* (Sabaté Bel, obra citada, páginas 250 y 251).

[173] Resulta interesante destacar cómo, en el contexto descrito, las mujeres más mayores, sin embargo, optaron en un gran porcentaje por seguir vinculadas al sector agrícola. Como exponía en una reciente entrevista Rosa María Henríquez, explicando algunos de los resultados de su pionero estudio sobre las relaciones de género en la aparcería grancanaria: *Muchos trabajitos pasamos, ésa era la frase que se repetía, muchos trabajitos pasamos (...) Solamente cuando entrevisté mujeres de los años noventa, algunas de ellas, que se habían quedado en la aparcería, decían que lo preferían al trabajo de sur, por ejemplo de limpiar, porque la alternativa era ser camarera de pisos, estar limpiando lo que otros ensucian, y entonces ellas decían: "no, yo me vengo aquí a la finca, el trabajo es como una forma de ayudar con los ingresos a*

Como otra popular y lapidaria copla sobre aquellos años recreara a la perfección:

La carretera del sur
tiene dos caras distintas,
la tumba del aparcero
y el jardín de los turistas[174]*.*

La dorada y ajardinada franja del turismo de sol y de playa, así era entonces, abarrotada de neones y fuentes y piscinas y campos de golf, de sobreconsumo y derroche en desmedida en pleno *boom* especulativo, si mirabas hacia la costa, frente a la deprimente y deprimida estampa, si mirabas hacia las cumbres y las medianías de la isla, de los cultivos abandonados y las lomas resecas como guijarros, dominio ahora de las julagas, las cucañas y las cuarterías rotas.

Al respecto del deterioro del paisaje canario y los impactos en el mismo de las industrias tomateras y turísticas en las Islas, exponía de forma contundente en una reciente entrevista la arquitecta, urbanista y activista medioambiental María Tomé[175]:

Para mí el paisaje es un patrimonio inmaterial que está en crisis en Canarias. Creo que el paisaje tiene

---

la economía familiar", y preferían eso que irse a los apartamentos a limpiarle a nadie. En ese sentido sí que valoraban como más positivo el trabajo en el cual tú estás en una finca, sacas la producción adelante, al menos mejor que lo otro, ellas no querían otro tipo de trabajo, mujeres que habían trabajado siempre de aparceras, o en la agricultura de medianía, de cultivos de subsistencia (testimonio recogido en el podcast *Latitud Atlántica. Memoria sonora de Canarias,* capítulo "Muchos trabajitos pasamos. La aparcería en Gran Canaria" (18/6/2024) de las antropólogas y divulgadoras culturales Carla Hernández Peraza y Belma Hernández-Francés León).

174 Polka escuchada en los años noventa a Celedonio y Anita López Peñate, también de familia aparcera en el sur grancanario durante gran parte de sus vidas.

175 Testimonio recogido en el podcast *Latitud Atlántica. Memoria sonora de Canarias,* capítulo "Muchos trabajitos pasamos. La aparcería en Gran Canaria" (18/6/2024), Carla Hernández Peraza y Belma Hernández-Francés León.

una capacidad brutal para contribuir a configurar una identidad común de pueblo y también creo que el paisaje si lo alteramos y lo respetamos puede contribuir a que vivamos bien, a garantizarnos el bienestar en nuestro archipiélago. Esto se entiende muy bien cuando antiguamente, por ejemplo, se construyeron las acequias que garantizaban el derecho al agua a los vecinos y vecinas y la pregunta es en la actualidad por qué las grandes alteraciones del paisaje no están pensadas desde esta lógica del bien común, sino que pareciera que responden a dinámicas especulativas y extractivistas, que no están construyendo una identidad de pueblo y no están garantizando el bienestar para la ciudadanía. Esto se entiende muy bien cuando vamos caminando por el territorio turístico y no sabríamos identificar si estamos en Canarias o en cualquier otra zona turística a nivel internacional, o por ejemplo cuando no tenemos garantizado el derecho a una vivienda digna en Canarias. Creo que esta falta de identidad y de bienestar en la actualidad está poniendo muy en crisis el paisaje como patrimonio inmaterial de nuestras islas y es una de las grandes conversaciones pendientes de Canarias.

Minoría fueron las personas que siguieron luchando por el sector tomatero, y muchas de ellas, particularmente las y los pequeños propietarios, lo hicieron por apego a su cultura ancestral campesina y a menudo en régimen de cooperativas productivas, como en el municipio de La Aldea. El ejemplo de Fayna, criada entre cultivos, es un modelo perfecto de dicha identidad aún resiliente:

Desde que vi a mis padres, y venía del colegio, y los veía en la finca, en la primera que ellos tuvieron, y venía del colegio, entraba en los surcos y a coger tomates rojos, porque era lo que te decían, no tú coge los tomates rojos, y a partir de ahí fue como que lo ibas mamando cada día pero ya desde pequeñita y así fue como tu padre te transmite esa ilusión, porque de verdad que a él le gustaba, y a día de hoy le sigue gustando aunque ya está jubilado, pero te transmiten eso y así fue como seguí la herencia yo de él.

La verdad es que no fue fácil, porque fue en el 2003, para tener la propia finca, ya mi padre tenía dos, pero era propiedad de él, aunque después iba a ser nuestra, pero decir tú emprender también con tus hermanos, porque fue con ellos, compramos en conjunto en el año 2003 y 2004, ahí se hizo la compra de todo lo que hay aquí en Tablada, estaba loca... Qué necesidad de echarme esos millones encima, que si siguiera estudiando... Claro cuando les dije que iba a comprar fincas, tienes que firmar una hipoteca sí o sí, porque 300.000 euros no los tienes en ese momento en el bolsillo y menos yo que no tenía ni un palillo a mi nombre. Me tuvo que avalar mi padre y gracias a ellos sí pudimos comprar la finca. Hubo un proceso... Y luego luchar, porque eso había que pagarlo.

Yo aprendí de él y luego también estuve dos años haciendo una capacitación aquí en el ayuntamiento sobre hidroponía, que son para el cultivo en los saquitos estos que tenemos aquí y también en la granja agrícola de Arucas, que estuve un año.

Aparte pues claro del amor que tú le pones, que ya venía de tu padre, de tu madre, de tus hermanos, que son más mayores y te han enseñado a ti a ver cómo se trabaja (...) Tu vida fuera de ahí, osea, las horas que te sobran son para relajarte y disfrutar lo que puedas porque, te digo, trabajando de domingo a domingo, tiene que ver mucho la ilusión de que todo salga bien para poder aguantar eso, porque una persona normal que tenga que trabajar de domingo a domingo en esto es duro pero las ganas de salir pa'lante, que la zafra salga bien, y los precios estén bien y salgamos todos pa'lante, que al vecino le salga bien y al otro también, porque aquí estamos todos metidos en lo mismo y yo si al vecino le sale bien yo estoy súper contenta, y el otro y el otro y el otro, aquí estamos todos iguales, entonces la zafra es eso, sacrificio, pero también tener la recompensa de tener un buen cultivo, para mí llegar a mi finca y tener un buen cultivo es un logro porque tú los riegas, tú los cuidas, tú les echas de comer y depende de lo que tú le hagas es lo que vas a tener ahí. Entonces para mí es, al mismo tiempo que un sacrificio, también una satisfacción personal de decir: "lo estoy haciendo bien"[176].

En el nuevo escenario de moda, sin embargo, y gradualmente igual que llegaron, se fueron marchando la mayor parte de los grandes inversores agrícolas a otros negocios menos demandantes y supuestamente más lucrativos en el incipiente sector turístico.

O a otras regiones similares del mundo, en la cercana África sin ir más allá, con abundancia de miserables de solemnidad que, como los canarios más pobres, por necesidad aguanten las precarias condiciones que generalmente imponen a sus trabajadores con sus empresas extractivas donde quiera que van.

Silenciosa y lenta muerte del agro canario de la que muchas personas apenas nos apercibimos sino ya solo cuando los viejos bancales empezaron a romperse y a desparramarse las preciosas tierras en el mar con cada aguacero, como si un desangrarse la isla en correntías de barro, por barranquillos cegados de tantas basuras buscando, sin encontrarlo, un mejor sumidero.

---

[176] Transcripción parcial de la entrevista recogida en el podcast *Latitud Atlántica. Memoria sonora de Canarias,* capítulo "Muchos trabajitos pasamos. La aparcería en Gran Canaria" (18/6/2024), Carla Hernández Peraza y Belma Hernández-Francés León.

O cuando ya comenzaron a rasgarse los primeros plásticos de aquellos invernaderos, que atrás dejaron sus dueños como inertes testigos de otras épocas tanto injustas como obsoletas, cual fantasmas de rotas sábanas y amargos recuerdos que el viento remueve sobre todo cuando sopla del sur a lo largo y ancho de la geografía isleña, por años y daños sin que apenas nadie pida nunca explicaciones, tan acostumbrados tal vez como estamos a la miseria más profunda y la total impunidad, a los destrozos medioambientales y tantas otras afrentas en esta tierra otrora sagrada. ¿Hasta cuándo?

Pedro García Cabrera, oriundo de La Gomera, isla de emigraciones cíclicas y abandonos y desarraigos donde las haya, describió acaso como nadie en el Archipiélago aquella profunda magua[177] y soledad que sentimos muchas y muchos canarios al mirar nuestro entorno y rememorar el triste pasado de opresión y miseria generalizada. En el poema "Respuesta del campesino", dedicado a José Moreno Galván y Carola y publicado por primera vez en el libro *Hora punta del hombre* de 1970, los campos canarios dejados de la mano y la ausencia de congéneres ahondan en esa común desesperanza que parece ir destilándonos a todos a diferente ritmo:

[177] Siguiendo el *Diccionario Básico de Canarismos*, pena, lástima, desconsuelo por la falta, pérdida o añoranza de algo, o por no haber hecho una cosa que hubiera redundado en beneficio propio. En algunas islas se usa más en plural.

Las pinzas de las mariposas
colgando ausencias,
el rencor de las ortigas
picándole las piernas al silencio,
el borrón de los mirlos
ennegreciendo el sexo de la angustia,
la sed de las avispas
dando cuerda al cadáver de los huertos,
todo llegaba hasta el sillón de sombra
que construía el tronco de aquel árbol.
Solo faltaba el hombre.
A extramuros
del río de corbatas de las calles,
del cálculo de sienes electrónicas,
tumbábase a sus anchas el olvido
durmiendo en los barbechos
que dejó el abandono
cuando plantó esperanzas
—él, paria de sequías
levadura de surcos y sudores—
y le nacieron
desalientos y callos en las manos.
Tan solo vio en el viento la cosecha
de culos blancos de los abejones[178].

178 *Hora punta del hombre* en Biblioteca del Centenario, vol. 4, Santa Cruz de Tenerife, Idea, 2005, pág. 107.

Imperios del olvido y la desidia, restos mortales de tantos trabajos, qué triste resulta hoy mirarlos. Hechos tiras los plásticos sobre los viejos tendidos de corroídos tubos y palos destartalados, cayéndose en jirones al maltratado suelo, asfixiando de su maleza barranquillos enteros hasta llegar a la mar, degradando aún más si cabe el agostado paisaje[179].

Si los mudos peces de alrededor hablaran.

Si algún día resollaran
los de dentro...

Ofendida y sin nadie que la defienda lentamente languidece la tierra y las vidas y las almas en ella marchitan también y se enferman. Sospecho que, de seguir igual todo, muy pronto empezaremos nosotras mismas a caer, igualito que esa palomilla sulfatada, tanto aquí como en Inglaterra.

[179] En otra entrevista la citada urbanista María Tomé, subrayando que la presencia de infraestructuras abandonadas no son solo un desastre ambiental, sino también económico y social, mencionaba la teoría "de los cristales rotos", bien conocida en el urbanismo, y explicaba cómo: *Un espacio abandonado no incentiva a que lo cuidemos, sino que tendemos como sociedad a tirar más basura, como si fueran vertederos (...) A veces estos residuos de obra acaban en los barrancos, y con el cauce de la lluvia, terminan en el mar*, con lo cual resultan particularmente cruciales los planes de desmantelamiento que acompañen a cualquier edificación, con el objetivo de buscar mecanismos para reciclar el 100% de los materiales tras la demolición (declaraciones extraídas del artículo de Natalia G. Vargas "Los esqueletos de hormigón de Canarias: cuando la corrupción se convierte en parte del paisaje" para el diario digital *CanariasAhora*, 15/10/2022).

¿FIN?

A MODO DE EPÍLOGO Y AGRADECIMIENTOS

La escritura de *Cucañas y Plástico* se inició allá por el año 2010 tras la lectura de aquel libro de aparcerías de mi pueblo del que tanto se habló en el texto –"Entre surcos y seretas, un pueblo hecho a empujones de zafra"– cuya publicación fuera promovida y sufragada por un colectivo vecinal y que tan profundamente me impresionara y marcara ya para siempre. Lo más que pude escribir entonces fue un largo y lacrimógeno poema resumiendo todo aquel libro, con rima incluso al estilo romancero tradicional, que recuerdo le encantó a mi madre hasta el punto de pedirme permiso para publicarlo en una página de *Facebook* de vecinos del municipio "Yo soy del Ingenio, amó", a la que también yo estaba suscrita en un vano intento de no acabar de desarraigarme por la emigración interinsular. Recuerdo especialmente que alguien muy amable del pueblo, y que me dio la pista de que había material sensible allí para desarrollar, incluso le escribió con posterioridad a mi madre para que me felicitara en su nombre y en el de la suya propia, que había llorado de la emoción cuando se lo había leído el hijo porque era analfabeta pero él sabía le gustaría pues ella misma se había criado entre cuarterías.

Así que allí quedó entre carpetas y viejos blogs aquel poema titulado "Raíces de tomateras", que de cuando en cuando iba revisitando para recortar algo que siempre me parecía desmedido y panfletario o impostado por poco explicado y añadir a continuación alguna estrofa más, alguna nueva aclaración aunque indefectiblemente con el mismo desalentador efecto de no acabar gustándome y siendo de nuevo recluidos los versos para otros momentos acaso con más suerte mejor inspirados. Una y otra vez, un año tras otro durante una década completa, hasta que apareció otro inspirador libro en 2020, "Carboneras", de la periodista y novelista asturiana Aitana Castaño y el dibujante Alonso Zapico, ambos procedentes de las montañas de aquella provincia, una novela ilustrada relatando la vida de las aguerridas mujeres que trabajaron en las tolvas mineras al tiempo que cuidaban de los niños, los mayores *y muchas veces también se cuidaban entre ellas*[180]. Un auténtico mazazo en la sensibilidad humana y política de cualquier lector o lectora y, de pronto, gracias a él, el milagro del desbloqueo.

Tan lejano geográficamente aquel norte pero al tiempo tan cercano en el ambiente retratado, tan mías de repente aquellas mujeres represaliadas, tan idénticas en el fondo a las de mi pueblo y mi infancia. Y fue así que lo que lo que comenzó siendo un poema y luego un "cuento triste de Canarias" de venti pocas páginas siguió creciendo poco a poco, a periodos de intensa actividad separados por largos intervalos de alejamiento para redimensionar lo escrito dada la grandísima responsabilidad que nos embargó siempre con este tema, entrevista a entrevista y libro a vídeo, durante parte de los últimos tres años, hasta convertirse en lo que ahora tiene la persona lectora ante la vista, un relato divulgativo ilustrado con fotografías de Canarias, que no tendrá la primera ni la última palabra sobre el tema pero que pretende ser recordatorio de lo que los canarios hemos sido y somos –la mayoría en el fondo gente de origen muy humilde arrastrando aún multitud de traumas y carencias– así como del momento en el que globalmente nos encontramos, un periodo crítico donde los haya para nuestra supervivencia si no tomamos conciencia ecológica y social y definitivamente actuamos para intentar remediar los errores pasados proponiendo rumbos nuevos que nos aparten del abismo.

[180] *Carboneras*, Aitana Castaño y Alfonso Zapico, 2020, Oviedo. Editorial Pez de Plata.

Gracias infinitas a las maravillosas personas que colaboraron con su valioso tiempo, fotografías y testimonios para enriquecer esta obra que es gran parte gracias a ellas profundamente coral y colectiva. En primer lugar a la editorial LeCanarien por apoyarnos de nuevo con este segundo proyecto y poner a nuestra disposición el fantástico equipo para llevarlo a cabo, especial agradecimiento a Laura Rodríguez por su confianza y coordinación, así como a Yurena Cabrera por su gran profesionalidad y paciencia en las correcciones y el diseño final del libro. El más profundo agradecimiento y admiración también a doña Ernestina Flores y Dácil Trujillo, por sus memorias compartidas por escrito, y a mi madre, Eligia Socorro, por las oralmente compartidas a lo largo de los años así como por las preciosas fotos particulares con tanto cariño atesoradas durante más de cinco décadas tanto por ella como por su hermana Juana María y que ahora integran parte también del patrimonio fotográfico colectivo que ilustra el libro. A Benita López Peñate por sus poemas y su ejemplo de entrañable memoria. Y muy especialmente a mis colegas universitarios, Rosa María Henríquez y Víctor Martín, por la colaboración con materiales y correcciones al manuscrito original, así como a Xabier Aurtenetxe, polifacético maestro y leal compañero, por su imprescindible apoyo moral y logístico durante gran parte de todo el proceso creativo, prólogos incluidos.

Al final del libro invocamos al derecho al resuello, algo que generalmente hasta el más humilde ser vivo tiene en abundancia, y tan liberador y necesario ese soltar para afuera lo que uno tiene y desahogar para poder retomar luego aire más puro. Sin temor a exagerar siento que haber podido hacerlo al fin a través de esta obra –aunque siga siendo imperfecta por más que eternamente la revisemos– ha constituido un proceso catártico, de autodescubrimiento y transformación interior que ha costado literalmente sangre, sudor y muchas, muchísimas lágrimas. Me conforta la certeza de que han merecido la pena todas y cada una de ellas pues, al fin y al cabo, de lágrimas estamos hechas-os en un gran porcentaje y gracias a ellas aguantamos. Dicen que el agua salada sana, tiene que ser verdad.

REFERENCIAS Y CRÉDITOS DE LAS FOTOS

- Foto 1 (pág. 21): Cucañas. Año: 1966. Autora: Nieves Sánchez Montero. Fuente: Archivo de fotografía histórica de Canarias, Cabildo de Gran Canaria/Fedac, referencia: 014606.
- Foto 2 (pág. 25): Tomateras en Fuerteventura. Año: 1963, Autor: Foto Herrera. Fuente: Archivo de fotografía histórica de Canarias, Cabildo de Gran Canaria/Fedac, referencia: 090673.
- Foto 3 (pág. 28): Foto postal coloreada de Tenerife con cultivo de tomateros. Periodo: 1900-1905. Autor: Jordao Da Luz Perestrello. Fuente: Archivo de fotografía histórica de Canarias, Cabildo de Gran Canaria/Fedac, referencia: 001792.
- Foto 4 (pág. 32): Aparceras en los cultivos de tomate en Gran Canaria. Periodo: 1965-70. Colección: Jesús González Álamo. Fuente: Archivo de fotografía histórica de Canarias, Cabildo de Gran Canaria/Fedac, referencia: 021540.
- Foto 5 (pág. 36): Niños corriendo descalzos entre las cuarterías del sur de Gran Canaria. Periodo:1960-1970. Autor: Francisco Rojas Fariña. Fuente: Archivo de fotografía histórica de Canarias, Cabildo de Gran Canaria/Fedac, referencia: 165127.
- Foto 6 (pág. 39): Cultivos junto al mar en el sur de Gran Canaria. Autor: Periodo: 1970-1980. Autor: Francisco

Rojas Fariña. Fondo: Colección Jesús Álvarez. Fuente: Archivo de fotografía histórica de Canarias, Cabildo de Gran Canaria/Fedac, referencia: 013828.

- Foto 7 (pág. 42): Niños aparceros con su medio de transporte en cultivos de tomates de Las Palmas de Gran Canaria, junto al actual hospital Dr. Negrín. Periodo: 1960-70. Autor desconocido. Colección de Adolfo Jesús Armas Luján. Fuente: Archivo de fotografía histórica de Canarias, Cabildo de Gran Canaria/Fedac, referencia: 020097.
- Foto 8 (pág. 46): Aparceros cargando agua para el uso doméstico y mientras las mujeres lavan las ropas familiares en la acequias de los mismos cultivos. Año: 1968. Autor: Joseph William Hirman. Fuente: Archivo de fotografía histórica de Canarias, Cabildo de Gran Canaria/Fedac, referencia: 024897
- Foto 9 (pág. 51): Aparceras acarreando agua en San Bartolomé. Año: 1968. Autor: Joseph W. Hirman. Fuente: Archivo de fotografía histórica de Canarias, Cabildo de-Gran Canaria/Fedac, referencia: 024905.
- Foto 10 (pág. 54): Empaquetadoras de tomate de Santa Lucía en Gran Canaria. Periodo: 1960-1970. Autor desconocido. Colección del Ayuntamiento de Santa Lucía. Fuente: Archivo de fotografía histórica de Canarias, Cabildo de Gran Canaria/Fedac, referencia: 021609.
- Foto 11 (pág. 48): Jornaleras del tomate en el sur de Gran Canaria "levantando tomateras". Periodo: 1925-30. Autor: Teodoro Maisch. Fondo: José A. Pérez Cruz. Fuente: Archivo de fotografía histórica de Canarias, Cabildo de Gran Canaria/Fedac, referencia: 012626.
- Foto 12 (pág. 63) Retrato del dictador Franco en visita oficial a Tenerife. Fecha: 28/10/1950. Autor: International New Photos. Fuente: Archivo de fotografía histórica de Canarias, Cabildo de Gran Canaria/Fedac, referencia: 033550.

- Foto 13 (pág. 66): Camiones de la casa Fyffes. Periodo: 1925-30. Autor: Teodoro Maisch. Fuente: Archivo de fotografía histórica de Canarias, Cabildo de Gran Canaria/Fedac, referencia: 000461.
- Foto 14 (pág. 70): El ministro franquista Manuel Fraga (izquierda) saluda al Conde de la Vega Grande Alejandro del Castillo y del Castillo (derecha) en San Bartolomé de Tirajana. Año: 1969. Autor: Juan Franco López. Fuente: Archivo de fotografía histórica de Canarias, Cabildo de Gran Canaria/Fedac, referencia: 018128.
- Foto 15 (pág. 77): Terrenos anegados y barrancos corriendo en Rosiana (Santa Lucía de Tirajana) durante los fuertes temporales de 1956 que incluso llegaron a rodar y derribar viviendas. Fuente: Archivo de fotografía histórica de Canarias, Cabildo de Gran Canaria/Fedac, referencia: 018171.
- Foto 16 (pág. 80): Cargando tomates a lomos de camellos. Año: 1965. Autor: Francisco Rojas Fariña (Fachico). Fuente: Archivo de fotografía histórica de Canarias, Cabildo de Gran Canaria/Fedac, referencia: 099764.
- Foto 17 (pág. 84): "Camino a la playa" en Gran Canaria. Periodo: 1965-1970. Autor: Julián Hernández Gil. Fuente: Archivo de fotografía histórica de Canarias, Cabildo de Gran Canaria/Fedac, referencia: 010887.
- Foto 18 (pág. 87): Pozos junto a cultivos de tomate. Periodo:1925-30. Autor: Kurt Herman. Fuente: Archivo de fotografía histórica de Canarias, Cabildo de Gran Canaria/Fedac, referencia: 008866.
- Foto 19 (pág. 92) : Aparceros apartando la tara en Santa Lucía. Periodo: 1960-70. Autor: Francisco Rojas Fariña. Fuente: Archivo de fotografía histórica de Canarias, Cabildo de Gran Canaria/Fedac, referencia: 346530.
- Foto 20 (pág. 96): Aparceros de Telde. Periodo: 1950-1960. Fondo: Colección Antonio M. González. Autor: desconocido. Fuente: Archivo de fotografía histórica de Canarias, Cabildo de Gran Canaria/Fedac, referencia: 034107.

- Foto 21 (pág. 100): Miguel Benítez, empresario tomatero, por los cultivos del sur. Periodo: 1950-60. Autor: desconocido. Fuente: Archivo de fotografía histórica de Canarias, Cabildo de Gran Canaria/Fedac, referencia: 018726.
- Foto 22 (pág. 103): Aparceras lavando en el sur de Gran Canaria (San Bartolomé). Año: 1968. Autor: Joseph William Hirman. Fuente: Archivo de fotografía histórica de Canarias, Cabildo de Gran Canaria/Fedac, referencia: 024910.
- Foto 23 (pág. 108): Mujeres con bebé en cultivo de tomate de Gran Canaria. Periodo: 1950-1960. Autor: desconocido. Fuente: Archivo de fotografía histórica de Canarias, Cabildo de Gran Canaria/Fedac, referencia: 108652.
- Foto 24 (pág. 112): "Pastoreando las cabras en el sur grancanario". Periodo: 1980-1990. Autor: desconocido. Fondo: Ayuntamiento de Santa Lucía. Fuente: Archivo de fotografía histórica de Canarias, Cabildo de Gran Canaria/Fedac, referencia: 021900.

- Foto 25 (pág. 118): Trabajadoras de empaquetado. Periodo: 1960-70.Fondo: Ayuntamiento de Santa Lucía. Fuente: Archivo de fotografía histórica de Canarias, Cabildo de Gran Canaria/Fedac, referencia: 021606.
- Foto 26 (pág. 121): Panorámica aérea parcial de Vecindario. Año: 1990. Autor: Francisco Trujillo González. Fuente: Archivo de fotografía histórica de Canarias, Cabildo de Gran Canaria/Fedac, referencia: 256810.
- Foto 27 (pág. 124): Campesino cargando hierba para los animales mientras turistas pasean en bicicleta en Maspalomas. Año: 1971. Autor: Juan Franco López. Fuente: Archivo de fotografía histórica de Canarias, Cabildo de Gran Canaria/Fedac, referencia 018148.
- Foto 28 (pág. 126): Panorámica aérea parcial de Vecindario y El Doctoral. Año: 1990. Autor: Francisco Trujillo González. Fuente: Archivo de fotografía histórica de Canarias, Cabildo de Gran Canaria/Fedac, referencia: 260171.

- Foto 29 (pág. 132): Niños posando con su pelota en solares de Santa Lucía. Periodo: 1960-1970. Autor: desconocido. Fuente: Archivo de fotografía histórica de Canarias, Cabildo de Gran Canaria/Fedac, referencia: 021923.
- Foto 30 (pág. 135): Empaquetado de tomates en Tenerife. Periodo: 1920-1930. Autor desconocido. Colección Domingo Doreste. Fuente: Archivo de fotografía histórica de Canarias, Cabildo de Gran Canaria/Fedac, referencia: 025939.
- Foto 31 (pág. 142): Capataz y trabajadoras de empaquetado de tomates. Año: 1956. Autor desconocido. Fondo: Colección de Clara León Quintana. Fuente: Archivo de fotografía histórica de Canarias, Cabildo de Gran Canaria/ Fedac, referencia: 026351.
- Foto 32 (pág 143): En el rellenado de almohadillas de viruta en Los Benítez en Ingenio. Año: 1964. Autor: desconocido. Fondo: colección de Eligia Socorro Socorro (la segunda de derecha a izquierda).

- Foto 33 (pág. 148): Almacén de empaquetado en El Pajar (San Bartolomé). Periodo: 1956. Autor: desconocido. Fuente: Archivo de fotografía histórica de Canarias, Cabildo de Gran Canaria/Fedac, referencia: 026345.
- Foto 34 (pág. 149): Operarias en el almacén de empaquetado de Benítez en Ingenio. Año: 1964. Autor: desconocido. Fondo particular de Juana María Socorro Socorro (a la derecha junto a una compañera).
- Foto 35 (pág. 153): Menores elaborando seretos en el almacén de Juliano Bonny. Periodo: 1950-60. Autor: desconocido. Fuente: Archivo de fotografía histórica de Canarias, Cabildo de Gran Canaria/Fedac, referencia: 018565.
- Foto 36 (pág. 154): Carga de seretos en el almacén de J. Martel en Ojos de Garza. Año: 1950. Autor desconocido. Fondo de Marcos Pérez. Fuente: Archivo de fotografía histórica de Canarias, Cabildo de Gran Canaria/Fedac, referencia: 020369.

- Foto 37 (pág. 156): Jóvenes y niños trabajadores del almacén en momento de descanso en el sureste grancanario (municipio de Ingenio), entre ellos Manuel Cabrera Ramírez (sentado hacia el centro de la imagen con camisa blanca y delantal). Periodo: 1955-1960. Autor: desconocido. Fondo particular de Eligia Socorro Socorro.
- Foto 38 (pág. 161): Retrato de Rosa Santiago García, Porfiria y Martín en el almacén de tomates en la CIEL, elaborando cajas de embalaje. Periodo: 1950-1960. Autor: Foto González. Fuente: Archivo de fotografía histórica de Canarias, Cabildo de Gran Canaria/Fedac, referencia: 020556.
- Foto 39 (pág. 164): Cuarterías junto a plantaciones en Santa Lucía. Periodo: 1980-90. Autor desconocido. Colección del Ayuntamiento de Santa Lucía. Fuente: Archivo de fotografía histórica de Canarias, Cabildo de Gran Canaria/Fedac, referencia: 021914.
- Foto 40 (pág. 167): Aparceras-os de Los Betancores en el Lomo La Palma. Año: 1968. Autor: Manuel Déniz Pérez. Fuente: Archivo de fotografía histórica de Canarias, Cabildo de Gran Canaria/Fedac, referencia: 022830.
- Foto 41 (pág. 176): Jóvenes en los tomateros en Berriel. Periodo: 1950-1960. Autores: Juan y Félix Díaz. Fuente: Archivo de fotografía histórica de Canarias, Cabildo de Gran Canaria/Fedac, referencia: 020547.
- Foto 42 (pág. 177): Aparceras del tomate de Gran Canaria. Periodo: 1950-60. Autor: desconocido. Fuente: Archivo de fotografía histórica de Canarias, Cabildo de Gran Canaria/Fedac, referencia: 096328.
- Foto 43 (pág. 180): Estibador en la bodega de un carguero de tomates en el muelle de Las Palmas esperando el siguiente palet de mercancía. Periodo: 1960-1970. Autor: Francisco Rojas Fariña. Fuente: Archivo de fotografía histórica de Canarias, Cabildo de Gran Canaria/Fedac, referencia: 165676.

- Foto 44 (pág. 183): Invernaderos de plástico en Santa Lucía. Periodo: 1970-80. Autor: Francisco Rojas Fariña. Fuente: Archivo de fotografía histórica de Canarias, Cabildo de Gran Canaria/Fedac, referencia: 439090.
- Foto 45 (pág. 188): Camellero y grupo de turistas en las tomateras de Maspalomas. Año: 1960. Autor desconocido (Laboratorio Domingo, calle Triana). Colección Jesús Álvarez. Fuente: Archivo de fotografía histórica de Canarias, Cabildo de Gran Canaria/Fedac, referencia: 025524.
- Foto 46 (pág 190): Puesto de tomates en el mercado en Las Palmas. Año: 1960. Autor: desconocido. Colección Jesús González Álamo.Fuente: Archivo de fotografía histórica de Canarias, Cabildo de Gran Canaria/Fedac, referencia: 021553.
- Foto 47 (pág. 196): Visita turística a las tomateras. Período: 1965-70. Autor: desconocido. Colección Jesús González Álamo. Fuente: Archivo de fotografía histórica de Canarias, Cabildo de Gran Canaria/Fedac, referencia 021525.
- Foto 48 (pág. 198): Restos de invernaderos en el sureste de Gran Canaria. Año: 2024. Autora: Gloria E. Cabrera Socorro. Colección particular de la autora.
- Foto 49 (pág. 200): Cabra y cucañas en la costa de Meloneras. Periodo: 1970-80. Autor: Francisco Rojas Fariña. Fuente: Archivo de fotografía histórica de Canarias, Cabildo de Gran Canaria/Fedac, referencia: 374370.
- Fotos 50-61 (pág. 215-221): Restos de invernaderos en el sureste de Gran Canaria. Año: 2024. Autora: Gloria E. Cabrera Socorro. Colección particular de la autora.

ANEXO

LO MISMO 8 QUE 80:
12 IMÁGENES RECIENTES DEL SURESTE DE GRAN CANARIA

En Las Tirajanas a 17 de diciembre de 2024